中等职业教育国家规划教材
全国中等职业教育教材审定委员会审定

ANQUAN YONGDIAN

安全用电

(第三版)

主　　编　曾小春　吕铁民
责任主审　孙保民
审　　稿　宗　伟　刘志强

中国电力出版社
CHINA ELECTRIC POWER PRESS

内 容 提 要

本书为中等职业教育国家规划教材。

本书主要内容包括电气绝缘试验、过电压防护、人身触电的防护、电气设备安全、电气设备防火与防爆、用户事故调查及管理办法。本书注重理论联系实际，努力将近几年来安全用电的新规定、新做法纳入教材内容，有较强的实用性。书中附有小结与习题，便于学习。此外，本书还设有实验可供选用。

本书可作为中等职业教育教学用书，也可作为电力行业培训教材。

图书在版编目（CIP）数据

安全用电/曾小春，吕铁民主编．—3版．—北京：中国电力出版社，2014.11（2025.7重印）

中等职业教育国家规划教材

ISBN 978-7-5123-6409-7

Ⅰ.①安… Ⅱ.①曾…②吕… Ⅲ.①安全用电－中等专业学校－教材 Ⅳ.①TM92

中国版本图书馆CIP数据核字（2014）第212847号

中国电力出版社出版、发行

（北京市东城区北京站西街19号 100005 http://www.cepp.sgcc.com.cn）

北京雁林吉兆印刷有限公司印刷

各地新华书店经售

*

2002年1月第一版

2014年11月第三版 2025年7月北京第三十一次印刷

787毫米×1092毫米 16开本 10印张 237千字

定价 **39.00** 元

电力中等职业教育国家规划教材

编　委　会

中等职业教育国家规划教材

出版说明

为了贯彻《中共中央国务院关于深化教育改革全面推进素质教育的决定》精神，落实《面向21世纪教育振兴行动计划》中提出的职业教育课程改革和教材建设规划，根据教育部关于《中等职业教育国家规划教材申报、立项及管理意见》（教职成〔2001〕1号）的精神，教育部组织力量对实现中等职业教育培养目标和保证基本教学规格起保障作用的德育课程、文化基础课程、专业技术基础课程和80个重点建设专业主干课程的教材进行了规划和编写，从2001年秋季开学起，国家规划教材将陆续提供给各类中等职业学校选用。

国家规划教材是根据教育部最新颁布的德育课程、文化基础课程、专业技术基础课程和80个重点建设专业主干课程的教学大纲（课程教学基本要求）编写，并经全国中等职业教育教材审定委员会审定。新教材全面贯彻素质教育思想，从社会发展对高素质劳动者和中初级专门人才需要的实际出发，注重对学生的创新精神和实践能力的培养。新教材在理论体系、组织结构和阐述方法等方面均作了一些新的尝试。新教材实行一纲多本，努力为教材选用提供比较和选择，满足不同学制、不同专业和不同办学条件的教学需要。

希望各地、各部门积极推广和选用国家规划教材，并在使用过程中，注意总结经验，及时提出修改意见和建议，使之不断完善和提高。

教育部职业教育与成人教育司

二〇〇一年十月

前　言

“安全用电”是教育部80个重点建设专业主干课程之一，是根据教育部最新颁布的中等职业学校电厂及变电站电气运行专业“安全用电”课程教学大纲编写的。

本书以培养学生的创新精神和实践能力为重点，以培养在生产、服务、技术和管理第一线工作的高素质劳动者和中初级专门人才为目标。教材的内容适应劳动就业、教育发展和构建人才成长“立交桥”的需要，使学生通过学习具有综合职业能力、继续学习的能力和适应职业变化的能力。

安全促进生产，生产必须安全。电能给人民生活、工农业生产带来极大的方便，但电气事故也给人民生命财产造成巨大损失，用户的电气事故也将影响电力系统正常发供电和其他用户正常使用和生产。提高安全用电水平是每一个电力工作者都必须承担的重如泰山的责任。

根据中等职业教育国家规划教材和中等职业学校安全用电教学大纲的要求，为使学生具备高素质劳动者和中、初级专门人才所必要的安全用电的基本知识和基本技能，本书注重理论联系实际，努力将近年来安全用电的新规定、新做法纳入教材内容，有较强的实用性。

全书共六单元，第三、五、六单元由广东电力工业实业技术学校曾小春编写，第一、二、四单元由江西电力职业技术学院吕铁民编写，全书由兰州电力学校马安仁主审。

本书在编写过程中，得到了兰州电力学校、江西电力职业技术学院、广东电力工业实业技术学校有关领导和教师的大力支持，也得到了有关生产单位的大力支持，在此一并致谢。

限于编者水平，疏漏与不足之处在所难免，恳切希望使用本教材的各位教师和读者批评指正。

编　者

2014年8月

目 录

单元一

电气绝缘试验

课题一　电气绝缘材料

教学要求

了解电气绝缘材料的种类及绝缘介质的极化、电导、损耗、老化、击穿、闪络等概念，为学习电气绝缘试验打基础，以够用为原则。

一、电气绝缘材料的分类

绝缘材料又称“电介质”。绝缘材料和导体是电气设备中不可缺少的两个基本组成部分。绝缘材料的主要作用是用来隔离带电的或不同电位的导体，使电流能按一定的方向在导体里流通。另外在不同的电工产品中，根据产品技术要求的需要，绝缘材料还起着散热、冷却、机械支撑固定、储能、灭弧、改善电位梯度、防潮、防霉以及保护导体等作用，绝缘材料承受着电、热、各种机械应力等方面的苛刻考验。

在电力系统中常常由于某一部分或某一电气设备的绝缘遭受破坏而引起短路事故，降低了电力系统工作的可靠性，给生产带来巨大的损失。为了保证电气设备的正常工作，必须对绝缘材料在电场作用下所发生的物理现象进行深入研究，以便了解它们的性能，从而有利于合理地选择和使用绝缘材料。

绝缘材料的品种很多，按化学性质可分为无机绝缘材料、有机绝缘材料、混合绝缘材料；按形态可分为气体绝缘材料、液体绝缘材料、固体绝缘材料；按分子结构可分为非极性电介质、弱极性电介质、极性电介质。

常用绝缘材料的主要性能指标有绝缘强度、抗张强度、密度和膨胀系数等。

本课题只讨论绝缘材料在电场作用下的主要性能。

电介质在电场作用下将会发生极化、电导、介质损失和击穿等物理现象，一般可用 4 个物理量来表示，即相对介电系数 ε_r、电导率 γ 或其倒数电阻率 ρ、介质损耗角正切值 $\tan\delta$ 和击穿场强 E_{pu} 或击穿电压 U_{pu}。下面将分别研究电介质的这些物理现象。

二、电介质的极化

（一）电介质极化的基本概念

构成电介质的分子，从结构上来看，可分为中性和极性两类。所谓中性分子，就是分子中正、负电荷的作用中心是重合的，对外不呈电性。而极性分子则不然，其正、负电荷的作用中心保持一定的距离（这种分子一般又称作偶极分子），它的单个分子对外是呈电性的。但由于热运动，电介质内极性分子的排列是不规则的，不同极性分子对外所呈的电性相互抵消，故从电介质的整体上来看，对外仍然不呈电性。

当电介质受外电场作用时，其中性分子内互相束缚的电荷在外电场力的作用下，按其所受电场力的方向发生微小的弹性位移，即正电荷沿电场方向位移，负电荷则逆电场方向位移。而偶极分子受电场力作用而转向，顺着电场方向作有规则的排列。这样，原来对外不呈电性的电介质这时呈现了电性，在电介质两端出现了等量异号电荷。

这种电介质在外电场作用下，发生束缚电荷的弹性位移或偶极分子的转向而对外呈现了电性的现象，就称为电介质的极化现象。

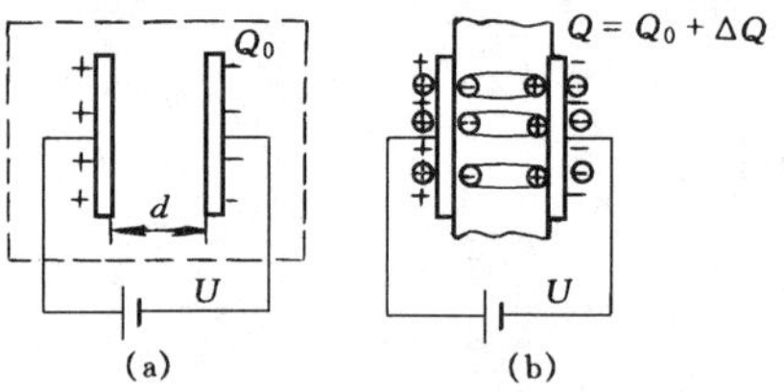

图 1-1 极化现象
(a) 真空；(b) 介质

如图 1-1 所示的由两块平行金属板组成的电容器，其极板面积为 S，极板间距离为 d，在极间板上施加直流电压 U。先放在密闭容器内抽真空，这时两极板上分别充有正负电荷，其电荷量为 Q_0，且 $Q_0=C_0U$，C_0 为真空时平板电容器的电容量。然后在此极板间放入一块厚度与极板距离 d 相等的固体介质，同样，在此外加电场作用下，由于极化，使电介质表面出现与极板电荷异号的束缚电荷 ΔQ。为保持电场强度不变（因施加电压 U 不变），必须从电源中吸取一部分电荷 ΔQ。这样由于极板间介质的放入，而使极板上的电荷从 Q_0 增大为 Q，且

$$Q=Q_0+\Delta Q=CU \tag{1-1}$$

即介质放入，电容由 C_0 增大至 C。

以 ε_0 和 ε 分别表示真空的介电系数$\left(\frac{1}{36\pi}\times10^{-9}\mathrm{F/m}\right)$和放入介质的介电系数，则

$$\frac{Q}{Q_0}=\frac{Q_0+\Delta Q}{Q_0}=\frac{CU}{C_0U}=\frac{C}{C_0}=\frac{\varepsilon\frac{s}{d}}{\varepsilon_0\frac{s}{d}}=\frac{\varepsilon}{\varepsilon_0}=\varepsilon_r>1 \tag{1-2}$$

ε_r 称为介质的相对介电系数，是放入该介质后极板间电容 C 与极间为真空时电容 C_0 之比。

任何物质的相对介电系数都与单位制的选择无关。为了简便起见，“相对”二字往往省略，称为介电系数。

（二）极化的基本形式

电介质极化的种类较多，但基本形式有电子式极化、离子式极化、偶极子式极化、夹层式极化四种，下面分别进行讨论。

1. 电子式极化

图 1-2 (a) 所示为无外电场作用时的中性原子。图 1-2 (b) 所示为有外电场作用时的中性原子；在外电场作用下，电子的轨道发生了变形，有了位移，其作用中心与原子核的正电荷不再重合，这种由电子的位移所形成的极化称作电子式极化。

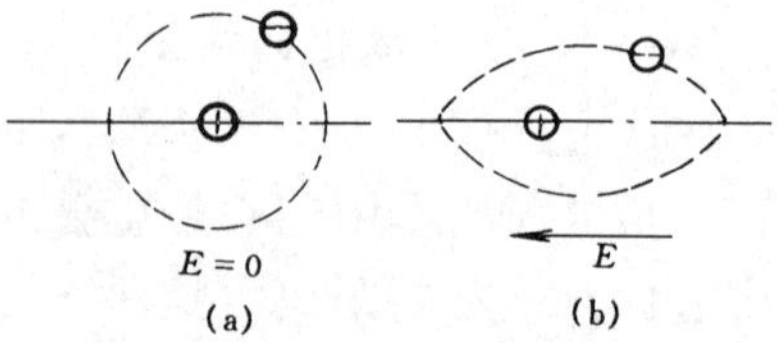

图 1-2 电子式极化
(a) 无电场；(b) 有电场

这种极化的特点：一是极化进程所需的时间极短，在各种频率的外电场作用下均能产生，其 ε_r 不随频率而变；二是极化具有弹性，极化无能量损耗。

温度对电子式极化的影响极小。电子式极化在各种

电介质中都存在。

2. 离子式极化

具有离子式结构的固体无机化合物，无外电场作用时，正、负离子的作用中心互相重合，故不显电性，如图 1-3（a）所示。在外电场作用下，除离子中的电子发生弹性位移（电子式极化）外，正、负离子间也发生相对位移，于是正、负电荷的作用中心不再重合而形成电矩，对外呈现出电的极性，如图 1-3（b）所示。这种异性离子间的相对位移所形成的极化称离子式极化。

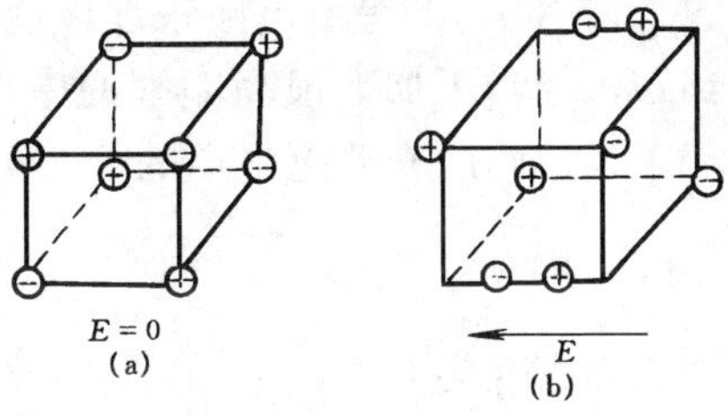

图 1-3　离子式极化
（a）无电场；（b）有电场

离子式极化也是一种弹性极化，故不引起损耗。但温度对离子式极化的影响较大，ε_r 具有正温度系数。

3. 偶极子式极化

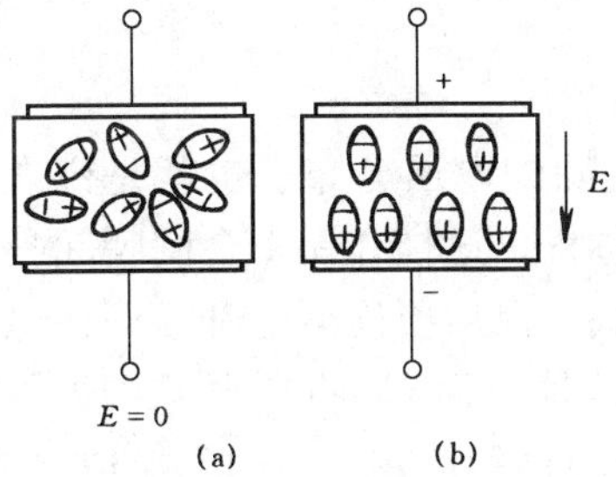

图 1-4　偶极式极化
（a）无电场；（b）有电场

有些电介质由偶极分子组成，具有偶极子的电介质通常称为极性电介质。

如前所述，组成这些极性电介质的偶极分子，在没有外电场的作用时，由于不停的热运动，排列混乱，对外不显示极性，如图 1-4（a）所示。在外电场作用下，偶极分子受电场力的作用而发生转向，顺着电场方向作有规则的排列，如图 1-4（b）所示，对外显示出电的极性来，称这种极化为偶极子式极化。

这种极化不像电子式、离子式极化那样是带电质点间的弹性位移，而是偶极分子的转向，这就要克服分子间的吸引力和摩擦力，极化时消耗的电场能量在复原时不能全部收回。偶极子式极化是要消耗能量的。极化所需的时间较长，对电源的频率有较大的影响。

温度对偶极子式极化的影响很大。

4. 夹层式极化

前面所讲的三种极化形式都是在单一、均匀的介质中发生的。但实际上，高压电气设备的绝缘材料往往由几种不同的介质组成，或介质是不均匀的。这种介质在外电场作用下，往往在两种不同介质的分界面上出现极化，称之为夹层式极化。

夹层式极化的过程特别缓慢，而且极化过程有能量损耗。

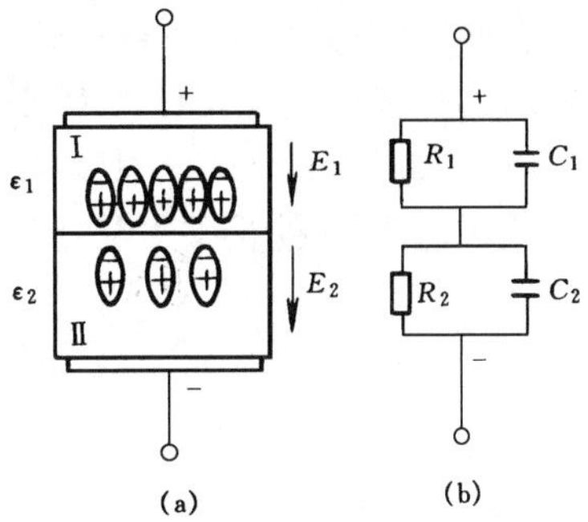

图 1-5　夹层式极化
（a）夹层式极化；（b）等值电路

为了便于分析这种夹层式极化的物理过程，现以平行平板电极间的双层介质（每层介质的面积和厚度均相等）为例进行介绍。如图 1-5（a）所示，图中两层介质在电场作用下产生极化，在两层介质的交界面处，介质Ⅰ积聚了正电荷，介质Ⅱ积聚了负电荷。由于两层介质的材料不相同（或者是不均匀），它们的极化程度不一样，所以在两层介质的交界面处积聚的电荷量就不相等。因此，在交界面处就呈现出电的极性，这种情况可以用图 1-5（b）的等值电路来加以说明。当隔离开关合上的瞬间，介质上的电压由零即刻上升到 U，相当于加上很高频率的电压，电流主要流过电容，对电容充电，而电阻相当于开路。于是，两层介质上电压的分布取决于电容，并按电容成反比分布，即

$t=0$ 时
$$\frac{U_1}{U_2}=\frac{C_2}{C_1} \tag{1-3}$$

当隔离开关合上以后，在 $t\to\infty$ 时，电容充电完毕，不再有电容电流，相当于电容开路，电流全部由电阻中流过，两层介质上的电压分布取决于电阻，并按电阻成正比分布，即

$t\to\infty$ 时
$$\frac{U_1}{U_2}=\frac{R_1}{R_2} \tag{1-4}$$

一般来说

$$\frac{C_2}{C_1}\neq\frac{R_1}{R_2} \tag{1-5}$$

所以 $t=0$ 与 $t\to\infty$ 时，$\frac{U_1}{U_2}$ 的值不相等。

但 $U_1+U_2=U$ 是个常数，因此最后的电压分布不同于起始的电压分布，也就是说在隔离开关合闸以后，在两层介质之间的电压有一个重新分配的过程。这样介质Ⅰ合闸瞬间分到的电压高，以后要逐渐下降，而介质Ⅱ合闸瞬间分到的电压低，以后要逐渐上升，即在电压重新分配的过程中，C_1 在初瞬时加上的部分电荷将通过 R_1 放掉，而 C_2 将从电源再吸收一部分电荷（称为吸收电荷）。这样，在交界面处必然发生电荷的移动，在介质内部形成电流。这一极化形式称夹层式极化。由于夹层式极化对电容的充、放电过程要经过电阻，因此整个过程不但进行较慢（相对于电子式、离子式、偶极子式极化而言），而且要消耗能量。

三、电介质的电导

电介质作绝缘用，总希望它不导电，但完全不导电的电介质是没有的，电介质中总有一些联系较弱的带电质点（主要是正、负离子）存在，在电场作用下，这些带电质点沿电场方向作有规律的移动，这种物理现象被称为电介质的电导。表征电导大小的物理量是电导率 γ，它的倒数是电阻率 ρ。

电介质的电导和导体的电导不同，不但其电导率比金属导体的小得多，而且其是离子性的，这和导体的自由电子电导不一样。

电介质电导的另一特点是与所加电压有关，通常是在接近击穿时，导电现象显著增加，它的绝缘电阻剧烈下降。电介质的电导还有一个特点是介质中流过的电流与加压时间有关。

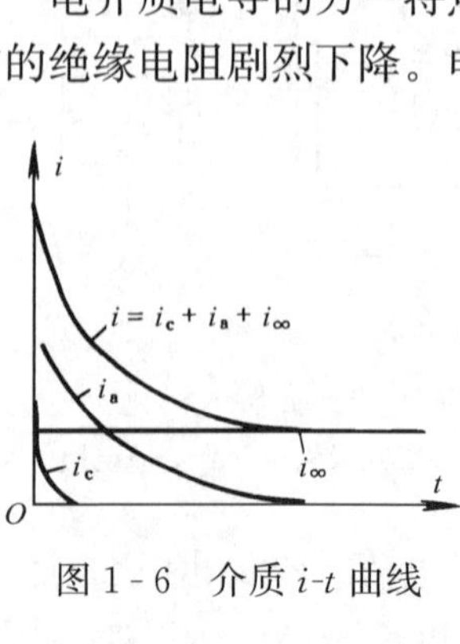

图 1-6 介质 i-t 曲线

下面介绍电介质在直流电压作用下流过的电流。从实验中可观察到电路中流过的电流 i 很微弱，并随时间在逐渐衰弱，如图 1-6 所示。电流 i 由几个分量组成，即

$$i=i_c+i_a+i_\infty \tag{1-6}$$

i_c 为电容电流，它是由加压初瞬间介质中的电子式极化与离子式极化过程所引起的电流，亦即无损极化引起的。i_a 称为吸收电流，是由夹层式极化和偶极子式极化等有损极化所产生的电流，吸收电流存在的时间达数分钟至数十分钟。i_∞ 为泄漏

电流或电导电流，它和介质的绝缘电阻值相对应，服从欧姆定律，不随时间而变化。

据此可以画出在直流电压 u 作用下流经介质中电流的等值电路，如图 1-7 所示。图中 C_0 代表无损极化的纯电容支路，其中流过的电流为 i_c；R_a、C_a 代表有损极化电流支路，其中流过的电流 i_a，即吸收电流；R_∞ 代表泄漏电路支路，其中流过的电流 i_∞。以上三个电流的合成即为流经电介质中的电流 i。经过一段时间以后，极化过程结束，这时流经介质的稳定电流 i 就等于泄漏电流 i_∞。与这个稳定电流值 i 相对应的电阻就称为电气设备绝缘的绝缘电阻 R，满足欧姆定律 $R=\frac{u}{i}$。

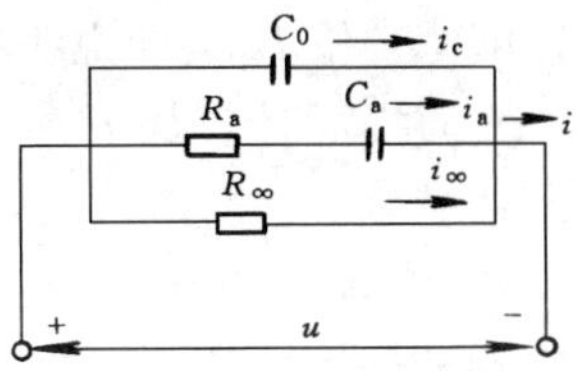

图 1-7　介质等值电路

四、电介质的损耗

任何电介质在电压作用下，都将毫无例外地产生能量损耗。电介质的能量损耗简称介质损耗。如果介质损耗很大，则由电能转变为热能而使介质温度升得很高，促使绝缘材料发热、老化（发脆、分解等），如介质温度不断上升，甚至会把介质熔化、烧焦，丧失绝缘性能，导致热击穿。因此，介质损耗的大小是衡量绝缘介质电性能的一项重要指标。

绝缘材料中的介质损耗，按其物理性质常有下列三种基本形式：一种是由电导引起的损耗，由于电介质总有一定的电导，在电场作用下产生泄漏电流，在介质中流过会发热，造成能量损耗。这种损耗在直流、交流下都存在，一般情况下电导损耗都很小（相对于后面二种损耗而言）。另一种是介质极化引起的损耗，如偶极子式极化、复合介质的夹层式极化等在极化过程中要消耗能量。还有一种是由局部放电（游离、电晕）引起的损耗，常用的固体绝缘中往往不可避免地会有薄弱的部位（气泡、间隙等），在交流电压作用下，其间电场强度超过其临界场强出现局部放电，从而引起损耗。

在直流电压作用下，由于介质中没有周期性的极化过程，因此当外施电压低于发生局部放电的电压时，介质中的损耗仅由电导所引起，这时用绝缘电阻或泄漏电流就足以充分表示了。故在直流电压下，不需再引入介质损耗这个概念。

在交流电压作用下，除电导损耗外，还有由于周期性极化而引起的能量损耗，因此需引入一个新的物理量来表示。为此下面分析电介质的等值电路图。图 1-8 为交流电压作用下电介质的等值电路及相量图。

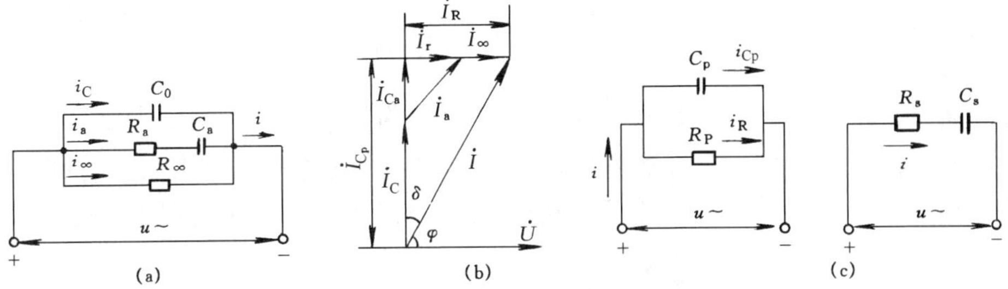

图 1-8　交流电压作用下介质的等值电路及相量图
（a）等值电路图；（b）电压、电流相量图；（c）电路简化图

图 1-8（a）为介质的等值电路图，它不仅适用于直流电压，也适用于交流电压。图 1-8（b）为交流电压作用下介质电压、电流相量图。将 $\dot{I}$ 分成 $\dot{I}_{Cp}$ 和 $\dot{I}_R$ 后，则可把电路进

一步简化为图 1-8（c）。可以看出电流 $\dot{I}$ 不是纯粹的电容电流，而是包含有功和无功两个分量，即 $\dot{I}_{Cp}$ 和 $\dot{I}_R$，这说明介质中有损耗。

介质损耗计算如下

$$P=UI\cos\varphi=UI_R=UI_{Cp}\tan\delta=U^2\omega C_p\tan\delta \tag{1-7}$$

从式（1-7）可看出，用介质损耗 P 表示介质的好坏是不方便的，也是不明确的，因为 P 值与外加电压 u 及其角频率 ω、试品尺寸等因素有关。不同试品间难以互相比较，故以介质损耗角正切值 $\tan\delta$（δ 为功率因数角 φ 的余角）来判断介质的品质，$\tan\delta$ 值直接反应绝缘材料的损耗特性。

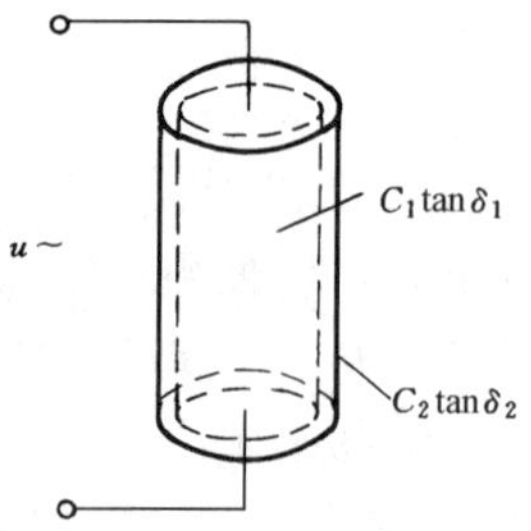

图 1-9　介质表面受潮

影响 $\tan\delta$ 值的因素有温度、频率和电压等。

对于整体受潮、劣化，测量介质损失角正切值能十分灵敏地反映。但当仅一小部分受潮、劣化，即局部有缺陷时，测得的 $\tan\delta$ 值增加不太明显，甚至不反映。例如图 1-9 所示的胶木棒，电容为 C，不受潮时介质损耗角正切值为 $\tan\delta_1$，则测得损耗为

$$P=U^2\omega C\tan\delta_1 \tag{1-8}$$

若表面受潮，受潮部分电容为 C_2，其介质损耗角正切值由 $\tan\delta_1$ 增至 $\tan\delta_2$；而内部因未受潮仍为 $\tan\delta_1$，其电容为 C_1（$C_1+C_2=C$）。则整体损耗为内部与表面损耗之和，即

$$U^2\omega C\tan\delta'=U^2\omega C_1\tan\delta_1+U^2\omega C_2\tan\delta_2$$

式中　$\tan\delta'$——表面受潮后，整体测得的介质损耗角正切值。

将上式简化，得

$$\tan\delta'=\frac{C_1\tan\delta_1+C_2\tan\delta_2}{C} \tag{1-9}$$

若受潮部分仅占总体的很小一部分，即，$\frac{C_2}{C}\ll1$，则

$$\tan\delta'=\tan\delta_1 \tag{1-10}$$

可见此时测得的 $\tan\delta_1$ 比未受潮时没有增加，所以测 $\tan\delta$ 值对发现局部受潮、劣化不灵敏。因此试验中发现有问题或可疑时，应争取进行分解试验，分别测出各部件的 $\tan\delta$，这样便于发现局部缺陷。

五、电介质的击穿

在电介质上施加电压后，介质中会流过不大的泄漏电流。当作用电压超过某一临界值时，通过电介质的电流剧增，电介质发生破裂或分解，直至电介质丧失其固有的绝缘性而呈导电性能，这种　　电介质的击穿。电介质发生击穿时的临界电压值称击穿电压 U_{pu}，击穿时的电场　　穿场强 E_{pu}。

在均　　电场强度相同），E_{pu} 和 U_{pu} 的关系为

$$E_{pu}=\frac{U_{pu}}{d} \tag{1-11}$$

式中　d—　　厚度。

在不均匀　　的地方分到的电场强、有的地方弱），场强大的地方首先达到此

绝缘材料的耐电强度，这里先产生局部放电（局部击穿、电晕），但整个结构不一定马上击穿。所以在不均匀电场中，整个绝缘结构的击穿电压往往大于出现局部放电或电晕的电压。

（一）气体介质的击穿

气体在电压作用下发生导通电流的现象称为气体放电。

气体，特别是空气，在电力系统中是一种应用得相当广泛的绝缘材料。因此需要了解气体中的放电过程，并说明这些放电过程的基本理论。这里介绍两个放电理论：汤逊放电理论和流注放电理论。前者理论上比较完整，但仅适用于低气压、小间隙的均匀电场；后者仅是定性地解释大气压力下，一般间隙的放电成因，难以进行理论上的计算。在工程上，常需通过实验手段得出定量的结果。

1. 气体放电现象

处于正常状态并没有受到外部能量作用的气体介质是完全不导电的。由于来自空中的紫外线、宇宙射线以及来自地球内部的辐射线的作用，通常气体中总存在少量的带电质点。这些带电质点在电场作用下沿电场方向运动形成电导电流。但当电场较弱时，由于气体内这些带电质点极少，气体的电导非常小，所以仍可看作是优良的绝缘体。

当气体间隙上的电压超过一定临界值时，通过气体的电流会突然剧增，从而使气体失去绝缘的性能。气体由绝缘状态变为良好导电状态的过程称为击穿。使气体发生击穿的最低电压称气体的击穿电压，亦称气体的放电电压。与其对应的场强称为击穿场强。一旦所加的电压解除后，气体介质能自动恢复绝缘性能。

几种主要放电形式：

(1) 火花放电。在气体间隙的两端，电压升高到一定值时，气体突然发生明亮的火花，火花向对面电极伸展出细光束。在电源功率不大时，这种火花会瞬时熄灭，接着又突然发生。

(2) 辉光放电。当外施电压增加到一定值后，通过气体的电流明显增加，气体间隙两极间的整个空间忽然出现发光现象，这种放电形式称为辉光放电。

(3) 电晕放电。当电极的曲率半径较小时，电场很不均匀，随外施电压的升高，在曲率半径小的电极尖端附近会出现暗蓝色的放电微光，并发出声音，如不继续提高电压，放电现象局限在较小的范围内，成为局部放电。发生电晕放电时，气体间隙的大部分尚未丧失绝缘性能，放电电流很小，间隙仍能耐受电压的作用。

(4) 电弧放电。当气体间隙两极的电源功率足够大时，气体发生火花放电之后，便立即发展至对面电极，出现非常明亮的连续弧光，形成电弧放电。发生电弧放电时，电弧的温度极高。

2. 带电质点的产生和消失

如上所述，气体间隙在电场作用下会产生放电，这说明气体中有大量带电质点的产生；气体间隙击穿以后，若将电压除去，气体又能恢复到它原来的耐电性能，这说明气体中的带电质点会消失。以下分析气体中带电质点如何产生又如何消失。

(1) 带电质点的产生。我们知道，气体原子是由带正电荷的核和带负电荷的电子构成。在正常情况下，电子受原子核吸引，沿不同半径的轨道围绕着核旋转。但在外部能量的作用下，电子会从正常轨道跳到离原子核较远的、半径较大的外层轨道上，这一过程称为激发。如电子跳离足够远，以至完全脱离原子核的吸引力，成为“自由电子”，而原子由于失去了电子而成为正离子，这一过程称为游离。游离产生的电子、离子即为带电质点。

由于外界能量的不同，存在以下四种游离形式：

1）碰撞游离。在电场作用下，带电质点（如电子、离子等）被加速而获得能量，当能量累积到一定数值后，与中性原子碰撞，就可造成中性原子的游离。由碰撞而引起的游离被称为碰撞游离，是气体中带电质点的重要来源。在气体放电中，电子较离子更加容易造成碰撞游离。

2）光游离。光辐射（光子形式）引起气体分子所发生游离的过程为光游离。游离能力较强的是短波射线。普通可见光一般不能造成游离。

3）热游离。气体在热状态下引起的游离过程称为热游离。

4）表面游离。电子从金属表面或电极上发射出来，称为表面游离。使金属表面产生游离，一般有正离子碰撞阴极、短波光线照射、强电场发射、热电子发射等方式。

前三种游离是在空间产生的，所以统称为空间游离。

（2）带电质点的消失。在气体放电过程中，除了游离不断地产生带电质点外，还存在着相反的过程，即带电质点不断地消失的过程。带电质点的消失主要有三种形式：

1）定向运动。带电质点在外电场作用下，定向往一个电极运动，进入电极形成电流。

2）扩散。气体中的带电粒子从高浓度区域不断地向低浓度区域运动，使各处带电质点的浓度变得均匀，这种现象称为带电质点的扩散。

3）复合。正离子与电子或负离子相遇，发生电荷的传递而互相中和，还原为中性分子的过程称为复合。带电质点在复合过程中会以光辐射（光子）的形式释放能量。

3. 气体放电的基本物理过程

（1）汤逊放电理论。在20世纪初，汤逊根据均匀电场、低气压、短间隙条件下的试验研究结果提出了比较系统的理论和计算公式，解释了整个放电的发展过程和击穿条件，给气体放电的研究奠定了基础。

汤逊放电理论的实质是：电子碰撞游离作用是气体放电的主要过程，而电极的表面游离产生电子发射是维持气体放电的必要条件。

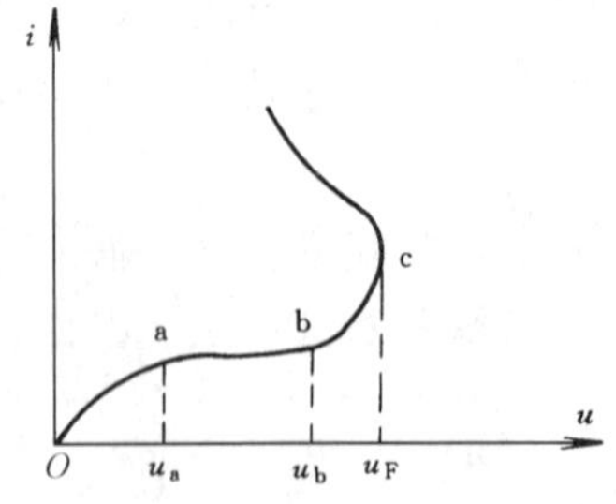

图1-10 直流电压下气体间隙中电压与电流关系图

当在平板电极间（即均匀电场）加上直流电压，逐渐升高电压进行试验时，气体间隙中的电流与极间电压的关系如图1-10所示。在空气中由于宇宙射线和地层放射性物质的放射线的作用，总是存在有少量带电粒子，当间隙上电压由零逐渐升高时，这些带电粒子就开始沿着电场的方向运动，其运动速度随着电压的升高而加大，此时间隙中的微弱电流也就逐渐增大，如图1-10中Oa段所示。当电压超过图中u_a时，由于单位时间内外界游离因素的作用在间隙中所产生的电子数基本上没有很大变化，即使电压升高，电流也不会增大，如图中ab段所示。当电压超过u_b时，由于极间电场已足够强，使电子在向阳极运动的过程中由电场力加速而具有很大的动能，在和气体中性粒子碰撞时会引起碰撞游离。这种碰撞游离一旦发生，就将越来越剧烈，被碰撞游离出来的新电子在强电场加速下又将去产生新的碰撞游离。这种现象如同山顶上滚雪球引起雪崩现象那样越来越剧烈地发展下去，故称为电子崩，如图1-11所示，即图1-10中电流增加较快的bc段。

在图1-10中c点以前的放电是非自持的，因为取消外界游离因素，原始电子崩中的电子到达阳极并进入以后，间隙中将没有继续产生碰撞游离的电子存在，放电就将停止。当电压加到 u_F，即 c 点以后，放电就由非自持而转变为自持，即取消外界游离因素的作用，间隙中放电亦能继续进行。放电之所以能自持下去，汤逊认为这是正离子到达阴极表面所产生的金属表面游离作用的结果，即碰撞游离产生的正离子到达阴极时，它们撞击阴极表面，至少能从阴极表面释放出一个自由电子来弥补原来那个产生原始电子崩并已进入阳极的电子，这个自由电子将在电场作用下向阳极运动，产生碰撞游离，发展成新的电子崩。这样，即使没有外界游离因素存在，放电也能自持下去，导致气隙击穿。

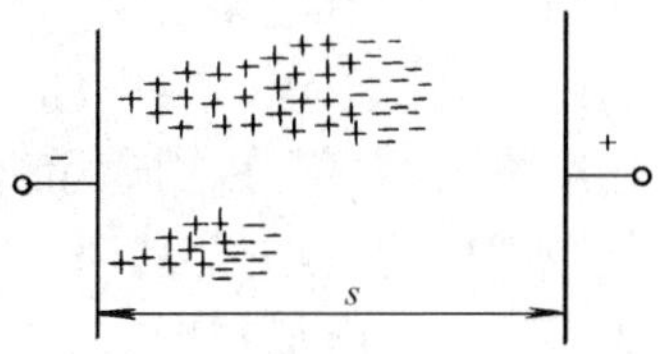

图 1-11　初始电子崩形成

（2）流注放电理论。汤逊放电理论对于低气压、短间隙中的放电现象能很好解释。但用来解释大气中的放电现象时，发现与实际情况有许多矛盾。

大气中的流注放电理论弥补了汤逊放电理论的不足。

流注放电理论认为：电子的碰撞游离及空间的光游离是气体放电的主要因素，并强调了空间电荷畸变电场的作用。

如前所述，在外界游离因素（如光照）的作用下，间隙阴极上产生的电子在电场作用下，奔向阳极的途中，不断地发生碰撞游离，而形成电子崩。崩内的电子数和正离子随电子崩发展的距离按指数规律急剧增长。由于电子的迁移率比正离子的迁移率大两个数量级，所以电子总是跑在崩头部分，而正离子则大体上滞留在产生它的地方，仅是较缓慢地向阴极移动，这样正离子集中于崩尾，如图 1-12（a）所示。崩头前方与正极板间和崩尾与负极板间的电场都比原来大大加强，而电子崩的中部电场比原来减弱，即电场发生畸变，如图 1-12（b）所示。在崩的中部带电质点的浓度最大，加之电场最弱，于是该区域内正离子与电子产生了复合。复合过程中释放能量，并以光子的形式表现出来。光子可使气体发生光游离产生新的电子，如图 1-13（a）所示。新电子在电场作用下又发生碰撞游离，形成新的电子崩——二次崩，如图 1-13（b）所示。新形成的二次崩与原来的电子崩（初始崩）汇合构成正、负离子混合的放电通道，称为流注。流注迅速向阴极发展，达到阴极时，形成整个间隙的火花击穿。

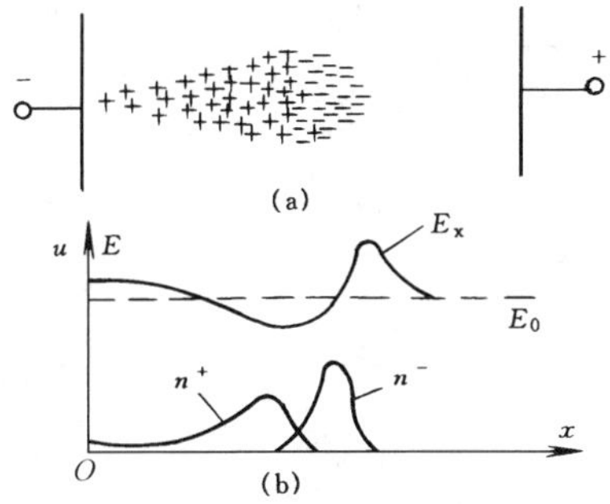

图 1-12　电子崩空间电荷分布及电场畸变

（a）空间电荷分布；（b）电场畸变

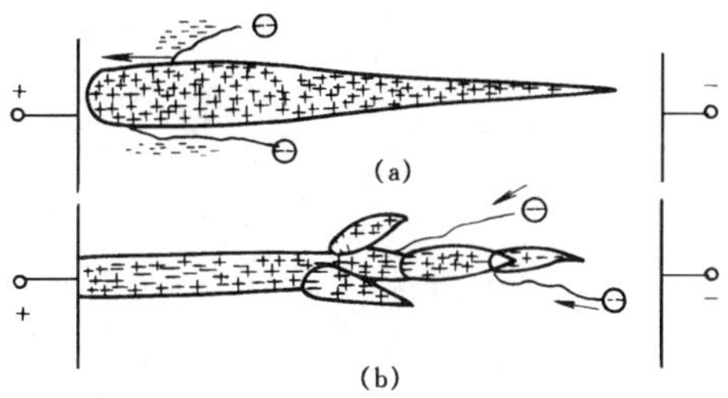

图 1-13　流注的发展

（a）光子的产生；（b）二次崩形成

按照流注放电的理论，流注的形成条件就是自持放电的条件。

4. 不均匀电场中气体间隙的放电特性

在电气设备的绝缘结构中，电场大多是不均匀的。与均匀电场相比较，不均匀电场中空气间隙的放电有电晕现象和显著的极性效应。

（1）电晕放电。当电场不均匀时，随着外施电压的升高，在曲率半径小的电极附近，电场强度将先达到足以引起游离过程的数值，间隙的这一局部区域形成自持放电。由于间隙中的其余部分的电场强度还较小，因此放电就局限在曲率半径小的电极附近的小范围内，在黑暗中可看到该电极周围有一层薄的发光层，有些像日月的晕光，因此这种放电现象叫电晕放电。电晕放电是极不均匀电场所特有的一种自持放电形式，也称局部击穿、预放电。开始发生电晕时的电压称为电晕起始电压。

在产生电晕时，回路中将有明显的电流流过，这电流称为电晕电流。用示波器观察，电晕电流是一个个断续的脉冲，它既能造成输电线路上的功率损耗，而且能造成对无线电和高频通信的严重干扰。同时发生电晕时，电极周围有晕光和放电的吱吱声，还会在空气中生成臭氧和氧化氮等气体。

继续提高间隙上的电压，曲率半径小的电极电晕圈中的流注将向另一电极发展。而整个发展过程却与电极的极性有很大关系，即放电发展的极性效应。

（2）极性效应。所谓极性是指曲率半径小的电极（如棒极）的电位相对曲率半径大的电极（如平板）的电位而言，是正还是负。

我们已知，不论曲率半径小的电极之极性如何，间隙的游离总是从曲率半径小的电极（如棒电极）开始，但以后的发展过程却和极性有关。在棒极附近游离产生了电子和正离子，由于电子运动十分迅速，很快离开电极，在棒极附近留下正离子形成空间电荷，而这些空间电荷对不同极性电场的影响是不同的。对负极性的情况如图 1-14（a）所示。棒电极附近的正空间电荷减弱了朝向板极方向的电场强度，而加强了朝向棒极的电场强度，因此电晕被压缩在负棒附近，放电不容易向前发展。对正极性的情况如图 1-14（b）所示，棒电极附近的正空间电荷加强了朝向板极的电场强度，而削弱了朝向棒极的电场强度。对放电发展而言，主要就是朝向板极的电场区域，这样与负棒情况相比，正极性放电易于向前发展，因此整个间隙的击穿电压要比负极性低得多。而电晕起始电压恰恰相反，负极性要比正极性低，因为正空间电荷使负棒表面的场强比正棒时要大。

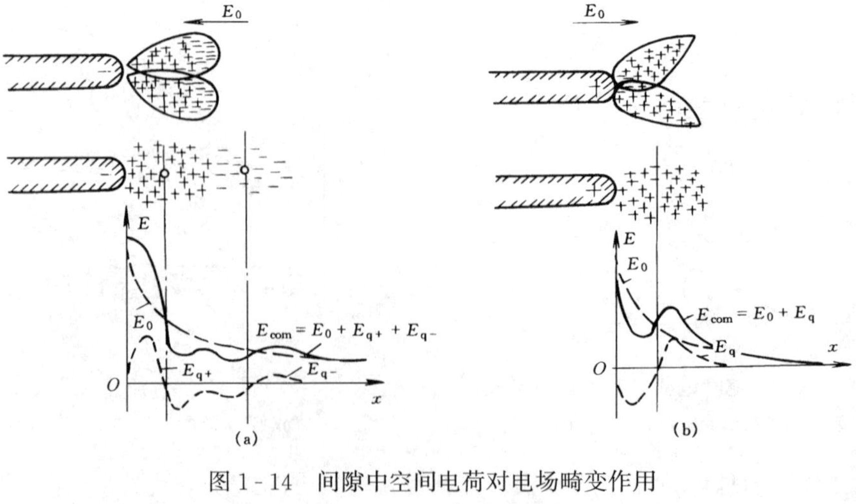

图 1-14 间隙中空间电荷对电场畸变作用

（a）正棒负板；（b）负棒正板

5. 影响气体放电电压的因素

(1) 电场形式对放电电压的影响。在均匀电场中，因为各处电场强度相等，不可能出现持续的电晕，其击穿场强约为 30kV（幅值）/cm。

在极不均匀电场中，显示很强的极性效应。所以估计安全距离时，常取 500kV/m 来计算。

电极之间电场的不均匀程度，不仅决定于电极的形状和布置，而且还受到邻近物体的影响。

在极不均匀电场的棒—板间隙中加入一块绝缘材料（如纸板或胶木板等）的极间障，如果位置适当，可以大大改善电场分布提高间隙的击穿电压。

(2) 电压波形对放电电压的影响。在电力系统中作为绝缘的空气间隙，除了受工频电压的作用，还要受到雷电冲击波和操作冲击波的作用。

在直流或工频电压作用下，气隙的击穿电压与电压作用的时间无关，我们称该击穿电压为静态的。但在冲击波电压作用下，它的击穿电压就和电压作用的时间有关，还与冲击电压的波形有关。因此，一般工程间隙对冲击电压的耐压强度要用伏秒特性表示。间隙伏秒特性即间隙在同一波形不同幅值的冲击电压作用下，击穿电压与放电时间的关系曲线。

在冲击电压作用下间隙击穿的时间效应是由于实现放电不仅要有足够的电压，还要有一定的时间。

在比较均匀的电场内，整个间隙各处的电场相差不大，放电发展速度快，分散性也小，伏秒特性较平。在不均匀电场中，放电只能由强电场区域逐渐向弱电场区域伸展，分散性也大，伏秒特性较陡，如图 1-15 所示。伏秒特性在考虑保护设备（例如保护间隙或避雷器）与被保护设备（例如变压器）的绝缘配合上具有重要意义。

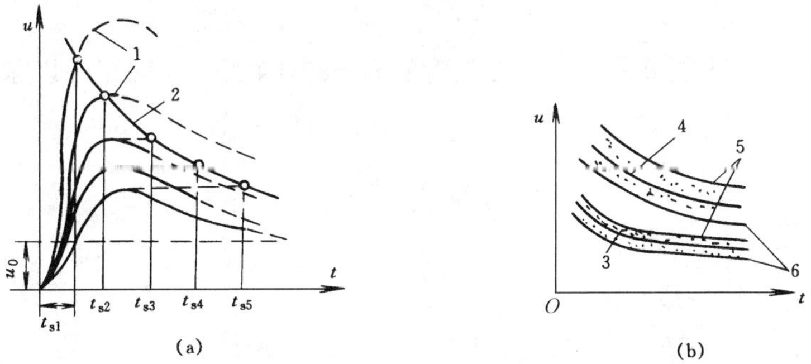

图 1-15 间隙伏秒特性

(a) 伏秒特性绘制方法；(b) 50%伏秒特性

1—波头击穿；2—伏秒特性；3，4—50%伏秒特性；

5—100%伏秒特性；6—0%伏秒特性

实际上在冲击电压作用下制作伏秒特性是很费时的，所以工程上通常采用 50%冲击放电电压来表征绝缘耐受冲击电压的能力。所谓绝缘的 50%冲击放电电压（$U_{50\%}$），就是指在该冲击电压作用下，放电的概率为 50%。

(3) 大气状态对放电电压的影响。空气间隙及电气设备外部绝缘的击穿电压受到气压、气温和湿度的影响。为了使在不同大气条件下的试验结果能够进行比较，必须了解这些因素对击穿电压的影响，并设法换算到同一种标准状态下的数值。另外，研究这些因素的影响还可解决海拔不同时击穿电压的计算。我国国家标准具体规定了标准大气状态为：压力 $p=760\text{mmHg}$（或 1013mbar）；温度 $t=20℃$，绝对湿度 $f=11\text{g/m}^3$，并规定了各种大气状态和标准大气状态时击穿电压相互间换算的方法。

1）相对密度不同时击穿电压的换算。当气体的压力或温度改变时，其结果都反映为密度的变化，又因空气的密度与压力成正比、与温度成反比，设标准状态下的气压为 p_0（mmHg），温度为 T_0（K），试验条件下的气压为 p（mmHg），空气温度为 T（K），则 δ 应为

$$\delta=\frac{p/T}{p_0/T_0}=\frac{p}{p_0}\times\frac{T_0}{T}=\frac{p}{760}\times\frac{273+20}{273+t}=0.386\frac{p}{273+t} \quad (1-12)$$

空气相对密度为 δ 时的击穿电压与它在标准状态下的击穿电压具有如下换算的关系

$$U=\delta U_0 \quad (1-13)$$

式中 U_0——标准状态下气隙的击穿电压；

U——试验状态下气隙的击穿电压。

式（1-13）对于均匀电场、不均匀电场、直流、工频、冲击电压均适用。

2）湿度不同时击穿电压的换算。大气状态的另一个重要因素是湿度，湿度反映了空气中所含水蒸气的多少。空气中的湿度对击穿电压有一定影响，当空气中湿度改变时，空气间隙的击穿电压可按一定规律进行换算。

在极不均匀电场中，当湿度不同于标准状态时，空气击穿电压的换算关系可表示为

$$U=\frac{1}{K}U_0 \quad (1-14)$$

式中 K——湿度修正系数，可根据绝对湿度（由干湿球温度计读数确定）和绝缘结构选择。

3）海拔的影响。在我国高原地区，击穿电压应根据国家标准规定乘以系数 X，其计算公式如下

$$X=\frac{1}{K-H/10000} \quad (1-15)$$

式中 K——系数取 1.1；

H——安装地点的海拔，m。

式（1-15）适用于安装在海拔地区超过 1000m（但未超过 3500m）的设备。

6. 沿面放电

电气设备的带电部分总要用固体绝缘材料来支承或悬挂，这些固体绝缘介质的表面在很多情况下都是处于空气之中。当带电体的电压超过一定限度时，常常在固体介质和空气的交界面上出现沿绝缘表面发生放电的现象，称为沿面放电。沿面放电发展到固体介质整个表面空气层击穿时称为沿面击穿或沿面闪络，简称闪络。沿面放电是一种气体放电现象，沿面闪络电压常常比没有固体绝缘时空气间隙的放电电压要低。

沿面放电的发展主要决定于沿表面放电路径的电场分布情况，它直接受到电极形式和表面状态的严重影响。从电场分布看，有图 1-16 所示的三种典型形式。

当固体介质在图 1-16（a）均匀电场中时，电力线与固体介质表面平行，固体介质的存在并不引起电场分布的改变。但实验结果表明此时沿面闪络的电压还是要比单纯空气间隙的

放电电压要低。这是因为：①固体介质表面吸潮气而形成水膜；②固体介质与电极表面接触不良；③介质表面电阻不均匀和介质表面有伤痕、裂纹；④固体介质表面污秽，使电场分布变形，发生局部放电，降低沿面闪络电压。

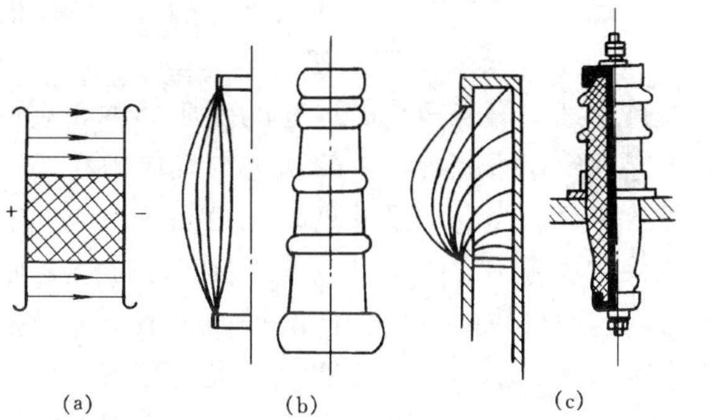

图 1-16 沿面放电的典型电场分布形式

(a) 均匀电场；(b) 弱法线分量的电场；(c) 强法线分量的电场

当固体介质处于不均匀电场时，电力线和介质表面斜交，电场强度可以分解为与介质表面平行的切线分量和与介质表面垂直的法线分量，于是视电场强度法线分量的弱与强有两种沿面闪络形式。

在图 1-16（b）弱法线分量的电场形式下，固体介质的存在并不引起电场分布的重大改变，但由于间隙本身电场分布已很不均匀，因而表面吸潮等原因所引起的电场畸变将不会带来十分严重的后果。

在图 1-16（c）的情况下，由于电场的法线分量较大，同时还存在切线分量，对沿面放电的发展过程有很大影响。整个放电发展过程可大致分为三个阶段：

（1）电晕和线状火花放电阶段。当逐渐升高电压时，由于法兰盘附近的电场很强，其边缘处的空气首先发生游离，产生电晕，形成电晕放电的发光圈。随着电压升高，电晕向前延伸，到某一电压后，形成了由许多伸向另一电极的平行细线状火花线条组成的光带。线状火花之长度随着电压正比增加，由于线状火花路程中的电阻较高，所以通道中电流密度较小、压降较大。电晕和线状火花放电同属辉光放电性质，如图 1-17 中 1 所示。

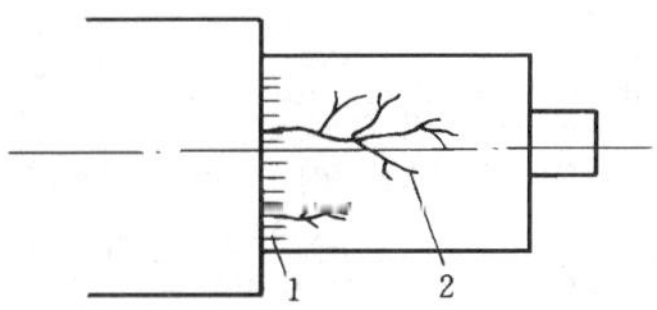

图 1-17 沿套管表面放电发展情况

1—辉光放电；2—滑闪放电

（2）滑闪放电阶段。线状火花中的带电质点被电场的法线分量紧压在介质表面上，在切线分量的作用下向前运动，使介质表面局部发热。当电压增加而使放电电流加大时，在火花通道中个别地方的温度可能很高，达到能引起气体热游离的程度。热游离使通道中带电质点急剧增加，电导猛增，通道头部电场增强，通道迅速向前发展，形成光度较明亮的树枝状火花，这种树枝状火花此起彼伏，很不稳定，称为滑闪放电，如图 1-17 中 2 所示。

（3）闪络放电阶段。当电压升高到滑闪放电的树枝状火花到达另一电极时，就形成完全击穿（闪络），电源被短路。此时，根据电源容量的大小，放电转入空气中的火花放电或电弧放电。由于电动力和放电通道发热的膨胀上浮力常常使火花或电弧离开介质表面，被拉长而熄灭。

（二）液体电介质的击穿

目前作为电气设备绝缘用的液体电介质主要是石油中提炼出来的碳氢化合物的混合物，即通常称的矿物油，广泛使用于变压器、断路器、套管、电缆及电容器等设备中，分别称为变压器油、电缆油和电容器油。

变压器油除用作绝缘介质外，往往还用作冷却剂和消弧剂，因此对它的一系列物理和化学特性均有一定的要求。这里主要分析有关变压器油绝缘强度的基本规律和影响因素。

1. 液体电介质的击穿过程

经过仔细干燥与净化的纯净的变压器油，它的击穿强度可达1000kV/cm以上。变压器油的击穿理论还不完善，一般认为与气体击穿的过程相似，即由于液体中带电质点的碰撞游离而导致击穿。当电场足够高时，由阴极发射的电子，在电场作用下加速，与液体分子相碰撞，如果在碰撞中的能量足以使中性分子游离，则电子的总数不断增多。同时正离子积聚在负电极附近而形成高电场，使电子更多地由阴极拉出。这样互相强化作用的结果，使液体电介质中带电质点剧增，电流增大，最后导致击穿。类同气体电介质击穿的汤逊放电理论。由于液体电介质的密度远大于气体，分子之间的距离比气体小得多，电子在两次碰撞间的自由行程也短得多，因此要获得足够的能量产生碰撞游离，就需要更高的电场强度。所以液体电介质的击穿强度比气体要高得多。

但在工程上，要得到高度纯净的液体电介质是很困难的。如工程用变压器油不可能非常纯净，总不可避免地要含有一些气态、液态或固态的杂质，如气泡、水分、纤维、灰尘、碳粒等，工频击穿强度约为160～200kV（幅值）/cm。就是新的油或刚处理过的油杂质少了些，在运行过程中某些杂质还会重新由外界进入或从油本身产生出来。

杂质，特别是水分和气体的存在，将严重地影响油的击穿过程。

对工程用变压器油，可以用所谓“小桥”理论来定性地解释它的击穿过程。“小桥”理论认为：变压器油击穿的主要原因在于杂质的影响，而杂质主要是由水分、纤维（特别是受潮的）以及被游离了的气泡等构成，它们在电场作用下，在电极间排列成小桥，从而导致油间隙的击穿。

油中含有杂质后，其击穿过程往往是由于油中的气体（原来存在的或由杂质及油分解出来的）首先发生游离击穿而引起的。游离的气泡在电场中聚集成气体小桥，击穿就将在此通道中发生。

油中常因受潮而含有水分（悬浮于油中的微小水滴）、布或纸绝缘脱落的纤维时，在电场作用下极化了的水滴、纤维将自动顺电场方向作定向排列，特别是受潮的纤维更加严重。当它们在电极间搭成小桥时，由于小桥的电导大，通过小桥的泄漏电流增大，温度升高，促使水分汽化；同时也因为含水纤维小桥的出现，使桥头及纤维接头间的油中电场特别强（提高3～4倍），使油游离而分解出气体，使气泡增多，继而使游离又增强。如前所述，形成气泡小桥而引起沿桥路的击穿。

“小桥”理论虽不能作定量估计，但有实验依据，可解释油击穿的许多现象。由此看到，油击穿过程比较复杂，影响因素较多、各种影响因素的变动很大，击穿电压很分散。但实验表明，对同一样品多次试验的平均值和最低值仍较稳定。

2. 影响液体电介质击穿电压的主要因素

（1）液体中杂质的影响。液体电介质中的气体和水分，如为溶解状态则关系不大。但如为悬浮状态，则将使击穿电压明显下降。当有纤维之类的杂质同时存在时，水分的影响就特别明显。电场越均匀，杂质对击穿电压的影响越大，击穿电压的分散性也越大。在不均匀电场中，杂质对击穿电压的影响较小，因为在高场强处先发生局部放电使油发生扰动，杂质已不易形成“小桥”。对于冲击击穿电压，杂质的影响也较小，因为在冲击电压的短时作用下，它还来不及形成“小桥”。

变压器通常用标准电极油间隙的工频击穿电压来表示油的质量，称为油的品质。油的品质的高低主要用于判明油中含杂质的情况。

（2）压力的影响。液体电介质中含有气体时，其工频击穿电压随液体压力的增加而升高。因为当压力增加，液体电介质中气体的溶解量大致成比例增加，就不易形成“小桥”，并且气泡的局部放电起始电压也提高，比较难以游离，从而提高了击穿电压。

（3）温度的影响。液体电介质的击穿电压与温度的关系比较复杂。变压器油的击穿电压（有效值）随温度的变化关系如图1-18所示。受潮的变压器油随温度的变化规律（图1-18中曲线2），在60～80℃间有极大值，这主要由于油中水分存在的形式随温度发生变化的缘故。如果对变压器油进行充分的干燥处理，在一定的温度范围内，击穿电压几乎与温度无关，如图1-18中曲线1所示。

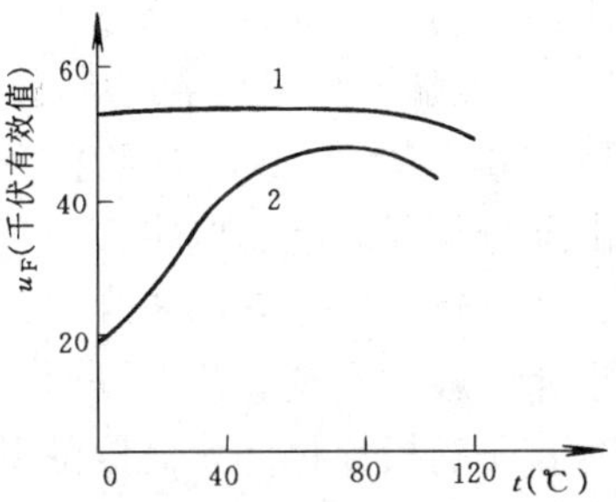

图1-18 变压器油工频击穿电压与温度关系

1—干燥时的关系曲线；

2—受潮时的关系曲线

（4）电压作用时间的影响。由于加上电压以后，液体电介质中杂质积聚到电极之间并形成“小桥”，导致介质发热，都需要一定的时间，所以液体电介质的击穿电压会随加压时间的增加而下降，液体的纯度及温度增高，电压作用时间对击穿电压影响减小。经过长时间工作以后，油的击穿电压会缓慢下降，这常常是由于油老化、变脏等因素造成的结果。在油不太脏的情况下，1min的击穿强度与较长时间的击穿强度相差不大。因此做耐压试验时，通常只加压1min。

3. 减少杂质影响的措施

从前面的叙述中可以明显地看出，杂质（包括水分、气泡和其他固体杂质）对液体电介质的击穿电压影响较大，所以为了提高击穿电压，必须设法除去杂质或设法减少杂质的影响。工程上除去杂质或减少杂质影响的措施主要有以下几方面：

（1）过滤。在运行过程中，也常用过滤的方法来恢复绝缘油的绝缘性能。

（2）防潮。电气设备的绝缘部件在浸油前必须烘干，有的还要进一步采用抽真空的方法来除去水分。

（3）脱气。用脱气的办法除去其中的水分及气体。

（4）“油—屏障”绝缘的采用：

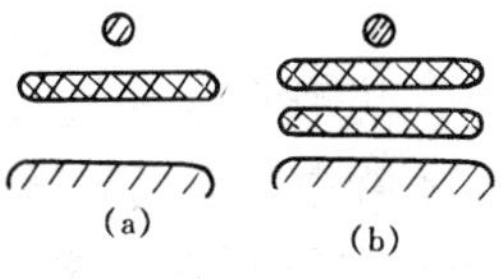

图1-19 油—屏障绝缘

(a) 屏障；(b) 多重屏障

1）屏障（亦称极间障）。在两电极间安置屏障如图1-19（a）所示。

2）多重屏障。将油间隙用多重屏障分隔成多个较短的油间隙，如图1-19（b）所示。

（三）固体电介质的击穿

固体电介质的击穿与气体、液体电介质的击穿比较，主要有两点不同：一是固体电介质的击穿强度一般都比气体和液体电介质的高；二是固体电介质的击穿是一种不可逆的过程，击穿以后在介质中留下有不能恢复的痕迹，即使去掉外施电压，也不能像气体、液体电介质那样能自行恢复绝缘性能。

1. 固体电介质的击穿过程

固体电介质的击穿，一般可分为电击穿、热击穿和电化学击穿三种形式。

（1）电击穿。电击穿过程是以固体电介质中发生碰撞游离为基础的。当施加电压很高、电场足够强时，固体电介质中存在的少量自由电子将在外施电场作用下，与固体电介质晶格上的原子发生碰撞并使之游离，导致自由电子增多，这些电子在电场的作用下，再与原子发生碰撞游离，如此发展下去，就像气体中产生碰撞游离那样，电子迅速增多，形成“电子崩”，电流猛增，最后导致击穿。电击穿完全是由于电场的作用而造成的，发展过程极快（可达 $10^{-6}\sim10^{-8}$s），击穿电压和电压作用时间关系很小。电介质发热不显著，环境温度对电击穿过程无影响。电击穿电压与电场均匀程度关系很大。

（2）热击穿。它的击穿机理是当固体介质加上电压时，介质中将发生损耗，引起发热，导致介质温度升高。与此同时介质也向周围散热，若发热量大于散热量，温度将继续升高，这时介质的损耗也随着温度的升高而增加，随着内外温差的加大，散热速度也增加。如所加电压足够高，使发热量一直大于散热量，温度持续上升，最终由于温升过高导致绝缘特性完全丧失而引起电介质的击穿。

热击穿电压与环境温度有关，环境温度越高，散热越不易，则击穿电压降低；与电压作用时间有关；与电压频率有关，频率越高，介质损耗越大，热击穿电压越低；还与周围媒质的散热能力、散热条件，以及与绝缘本身的导热系数、$\tan\delta$、电阻率和绝缘厚度等有关。

（3）电化学击穿。电化学击穿机理是由于运行中固体绝缘长期受到热的、电的、化学的、机械的作用使绝缘性能逐渐变坏，通称老化而引起的。

高电压设备绝缘内部不可避免地存在有缺陷（例如绝缘固体内部存在气泡或者在电极和绝缘接触处存在间隙）和电场分布的不均匀性，这些间隙、气泡或固体绝缘局部沿面上的场强达到或超过某一定值时，就会发生局部放电。这种放电并不立即形成贯穿性通道，而仅在局部发生，但在电晕、局部放电过程中形成的氧化氮、臭氧等对固体绝缘将产生腐蚀作用，同时游离产生的离子对绝缘的撞击也将对绝缘产生破坏作用，这种作用对有机绝缘的影响特别严重。电晕或局部放电产生时，由于热的作用还会使局部电导和介质损耗增加，甚至引起局部烧焦现象。所有上述情况都将导致绝缘抗电强度的下降，以致在长时期电压作用下产生热击穿，或者在短时过电压作用下造成电击穿。

2. 影响固体绝缘击穿的因素

（1）电压作用时间。外施电压的作用时间对固体电介质击穿电压的影响很大。对于多数固体电介质，其击穿电压随电压作用时间的延长而明显地下降。

（2）电场均匀程度。均匀、致密的固体电介质如处于均匀电场中，其击穿电压往往较高，而且与介质厚度的增加近似成直线关系，如在不均匀电场中，则随着电介质厚度的增加，击穿场强将下降，这主要是在电极边缘处有局部放电产生而引起击穿电压下降，这种作用称为“边缘效应”。

（3）温度。一般来讲，在较高温度下随着温度的升高，击穿电压要下降。如固体电介质周围温度越高，散热条件越差，热击穿电压就越低。即使同一材料，如果材料越厚，散热就越困难，则在周围温度较低时就会出现热击穿。

（4）电压的种类。同一介质、同一电极布置时，其直流、交流、冲击下的击穿电压往往是不相同的。

在直流电压下，介质损耗比交流电场中小，局部放电弱，不容易发热，因而它的击穿电压比工频击穿电压（幅值）要高得多。在冲击电压作用下它的击穿电压常大于工频击穿电压。由于电压作用时间很短，一般的热效应和电化学效应还来不及造成破坏，另外一次冲击往往也产生不了贯穿性通道。但多次冲击将会产生“累积效应”，即在冲击电压作用下，绝缘的击穿电压随冲击次数的增加而下降。产生“累积效应”的原因在于一次冲击电压的作用使绝缘受到的损伤不足以引起贯穿性通道。但当再一次承受冲击电压时，原来的不完全击穿将进一步发展，这样在多次冲击电压的作用下，损伤的累积将会导致绝缘的完全击穿。

（5）受潮。固体电介质受潮以后，使电介质的电导和介质损耗迅速增加，从而较易出现热击穿。

（6）机械负荷。有些绝缘结构运行中可能会遇到较大的机械负荷，当材料出现开裂或微观裂缝时，击穿电压将显著下降。还有不少有机固体电介质在长期运行中因热、化学等作用已渐渐发脆，遇到较大的机械应力（如短路时）就可能裂开或松散。如在这些裂缝中充有污物或受潮后，击穿电压下降更多。

3. 提高固体电介质击穿电压的措施

为了提高固体电介质的击穿电压，通常从以下几方面来考虑：

（1）改进制造工艺，尽可能消除电介质中的杂质、水分和气泡。

（2）多种电介质组成的绝缘，应注意改善电场分布，使电介质各组成部分尽可能合理地承担电压。

（3）改善电极的形状，使电场尽可能均匀，使边缘效应减小到最低程度。

（4）改善高压设备的工作条件，例如防止潮气浸入、加强散热冷却、隔绝臭氧及有害气体与绝缘材料的接触、尽量避免机械损伤等。

六、绝缘的老化

电气设备的绝缘在长期运行过程中会发生一系列物理变化和化学变化（例如氧化、电解、电离、生成新物质等），致使其电气、机械及其他性能逐渐劣化，这种现象统称为绝缘的老化。电气设备的使用寿命一般取决于其绝缘的寿命，而后者与老化过程密切相关，所以如何通过绝缘试验判别其老化程度是十分重要的。

促使绝缘老化的原因很多，主要有热、电和机械力的作用，此外还有水分（潮气）、氧化、各种射线、微生物等因素的作用。它们往往同时存在，彼此影响，相互加强，从而加速老化过程。

（一）电介质的热老化

在高温的作用下，电介质在短时间内就会发生明显的劣化。即使温度不太高，但如作用时间很长，绝缘性能也会发生不可逆的劣化，这就是介质的热老化。温度越高，绝缘老化得越快，寿命越短。

耐热性是绝缘材料的一个十分重要的性能指标，通常在工程实用中将固体介质和液体介质按其耐热性划分为若干等级，每一级有自己相应的最高容许工作温度，见表 1-1。

如果实际工作温度超过表 1-1 中的规定值时，介质将迅速老化、寿命大大缩短。

表 1-1 绝缘材料耐热等级

耐热等级	极限温度（℃）	绝缘材料
O	90	木材、纸、纸板、棉纤维、天然丝；聚氯乙烯；天然橡胶
A	105	油性树脂漆及其漆包线；矿物油和浸入其中或经其浸渍的纤维材料
E	120	酚醛树脂塑料；胶纸板、胶布板；聚酯薄膜；聚乙烯醇甲醛漆
B	130	沥青油漆制成的云母带、玻璃漆布、玻璃胶布板；聚酯漆；环氧树脂
F	155	聚酯亚胺漆及其漆包线；改性硅有机漆及其云母制品及玻璃漆布
H	180	聚酰亚胺漆及其漆包线；硅有机漆及其制品；硅橡胶及其玻璃布
C	>180	聚酰亚胺漆及薄膜；云母；陶瓷、玻璃及其纤维；聚四氟乙烯

（二）电介质的电老化

电老化系指在外加高电压或强电场作用下发生的老化。介质电老化的主要原因是介质中出现局部放电。

绝缘油的电老化主要因局部放电引起油温升高而导致油的裂解和产生出一系列微量气体，此外，油中的局部放电还可能产生聚合蜡状物，它附着在固体介质的表面上而影响散热，加速固体电介质的热老化。

（三）其他影响因素

机械应力对绝缘老化的速度有很大的影响。环境条件对绝缘的老化也有明显的影响。

课题二 电气绝缘试验

教学要求

理解绝缘预防性试验、耐压试验的概念，并了解其种类及应用范围；掌握绝缘电阻、吸收比、介质损耗角正切、泄漏电流的概念及测量方法，通过演示试验了解耐压试验的设备及方法。电气绝缘试验是保证电气设备可靠工作、安全运行的重要手段。

绝缘的缺陷通常可以分成两类：一类是集中性缺陷；另一类是分布性缺陷。绝缘有了上述这两类缺陷后，它的绝缘性能就要变坏。我们通过试验就可把隐藏的缺陷检查出来。

按照规定的试验条件（试验设备、环境条件、试验方法和试验电压）对电力设备的绝缘进行的各种高电压试验，统称绝缘试验。

电力设备的绝缘试验包含以下两大类：

（1）绝缘强度试验，亦称高电压耐受试验。具体项目有直流耐压、工频交流耐压、倍频感应耐压、冲击（全波、截波、操作波等）耐压等。

（2）绝缘特性测试。具体项目有直流泄漏、绝缘电阻、吸收比、极化指数、介质损失角正切和局部放电等。

电力设备在正常的运行过程中，不仅要承受额定电压的长期作用，还要耐受各种过电压（如工频过电压、雷电过电压、操作过电压）。为了考核设备承受过电压的能力，人为模拟各种过电压，对设备的绝缘进行测试以检验其承受能力。这就是所谓的绝缘强度试验，亦称耐压试验。

为了简化，现场常用等效的交、直流耐压来代替试验设备较为复杂的冲击试验，同时也考核了设备在工作电压下的绝缘裕度。

由于绝缘强度试验本身是一种破坏性试验，对纤维类绝缘物的老化有或多或少的催促作用，而且有积累效应，因此不宜频繁进行，尤其是对运行中的电力设备。绝缘特性试验就是通过各种反映绝缘特性的试验来诊断绝缘强度的。如果各项特性参数没有过分的变化，则可认为绝缘强度也没有过分的下降，仍是安全可靠的。这个尺度就是各项试验的有关标准。

因此，绝缘特性试验虽是考核绝缘强度的间接手段，但却是一项不可缺少的辅助考核手段。绝缘特性试验的另一重要意义是可通过历次实测值来预测绝缘变化的趋势，因此，绝不可偏废。

一件产品从设计、制造、安装、调试到运行，其全过程有四个层次的试验：型式试验、出厂试验、安装交接试验、预防性试验。每一后续试验的项目都比先行的试验项目少，就是说预防性的试验项目最少，这一方面是限于现场条件，另一方面也基于如下的考虑：

（1）通过型式试验，即已认定试品设计达到了有关技术标准和预定要求。

（2）通过出厂试验，认定产品达到了设计规定的技术条件和有关标准。

（3）通过安装交接试验，确认了设备经过运输和安装、调试，已经没有影响安全可靠运行的损伤。

那么，预防性试验的主要意义就是在这三个层次的先行试验的基础上，考察设备经过一段时间的运行之后，其电气、机械、理化等性能中若干个具有代表性的技术参数有无幅度过大的变化，亦即预防性试验的结果有无超出预防性试验规程规定的标准。若没有，则可以认为设备的整体技术状况仍然在预定的可以安全运行的范围内。

预防性试验的另一个主要意义是：通过对年复一年的预防性试验所测得的结果的分析，可以反映出设备在实际运行中上述各代表性参数的变化规律，从而对设计、制造、运行、维护（含检修）提供指导。

电气设备的预防性试验的内容：①电气试验项目，如测量绝缘电阻、吸收比、极化指数、直流电阻、泄漏电流、介质损失角正切值、电压分布、局部放电和交直流耐压等；②机械特性试验项目，如开关动作特性（程序、时间、速度等）；③理化测试，如油的化验、油中含气的色谱分析、SF_6 气体中的含水量测试等。

绝缘试验的方法分成了两大类：第一类是非破坏性试验，是指在较低的电压下或者是用其他不会损伤绝缘的办法来测量绝缘的各种特性，从而判断绝缘内部的缺陷；另一类是破坏性试验（耐压试验），即在绝缘上施加高于工作电压的试验电压，它能直接检验绝缘的耐压水平和裕度。破坏性试验通常在非破坏性试验之后进行，如果非破坏性试验已表明绝缘存在不正常情况，则必须在查明原因并加以消除后再进行耐压试验，以避免不应有的击穿。

本章主要介绍电力系统常用的绝缘试验的基本原理及方法。

一、绝缘电阻和吸收比测量

（一）概述

在讨论电介质的极化、电导时，得出了电介质的等值电路。在直流电压作用下，电介质中有电流通过，并随着时间衰减，最终趋向稳定。此变化的电流由三部分组成，即 i_c、i_a、i_∞。图 1-20

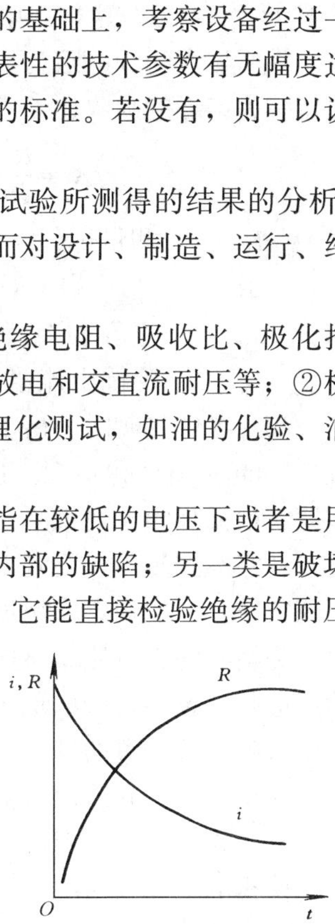

图 1-20　固体介质在直流电压作用下电流及电阻与时间的关系

给出了固体介质在直流电压作用下电流及电阻与时间的关系。

绝缘电阻的高低取决于泄漏电流 i_∞，亦即与泄漏电流成反比。为了获得比较正确的数值，就须在加压后，经过一些时间使电容电流 i_c 和吸收电流 i_a 减小到最低限度，最后只剩下泄漏电流 i_∞。目前一般规定读取加压后的 1min 数值。对吸收现象较显著的大容量设备，如发电机、大型变压器和电力电缆等应取加压较长时间后的数值为其绝缘电阻，发电机用加压 10min 后的数值。

绝缘电阻和泄漏电流的关系可用欧姆定律来表示为

$$R=\frac{u}{i} \tag{1-16}$$

式中 u——加在绝缘材料两端的直流电压，V；

i——通过绝缘材料的泄漏电流，μA；

R——该绝缘材料的绝缘电阻，MΩ。

绝缘有缺陷，如受潮、脏污和出现局部性裂纹，它的泄漏电流就要增大，而绝缘电阻降低，因此可用测量绝缘电阻的方法来检查介质是否受潮等。

在测量绝缘电阻过程中，绝缘电阻的起始值较低，随着时间的增长升高到某一稳定值，从图 1 - 20 可见，这种现象通常称为介质的吸收现象，主要由吸收电流决定，对容量大的设备尤为明显。绝缘电阻与加压时间的关系称为介质吸收关系。绝缘电阻的稳态值与起始值的比值称为绝缘的吸收比，用 K 表示，则

$$K=\frac{R_\infty}{R_0}=\frac{u/i_\infty}{u/(i_c+i_a+i_\infty)}=\frac{i_c \mid i_a \mid i_\infty}{i_\infty}=1+\frac{i_c \mid i_a}{i_\infty} \tag{1-17}$$

式中 R_∞——测量过程终了时（$t\to\infty$）的绝缘电阻值；

R_0——加压瞬间（$t\to 0$）的绝缘电阻值；

i_c、i_a——电容电流、吸收电流的起始值；

i_∞——泄漏电流值。

当绝缘体受潮时，由于离子数剧增，泄漏电流 i_∞ 增长得很快。而电容电流 i_c 和吸收电流 i_a 的起始值变化不大。这样吸收比 K 将下降。当严重受潮时，吸收比趋于极限值为 1。因此，根据吸收比的大小，可以进一步判断绝缘的状况。

在实际测量中，要测出稳态时的绝缘电阻 R_∞ 和起始时的绝缘电阻 R_0 是困难的，也是不现实的。一般规定取用加压后 60s 时的绝缘电阻值 $R_{60''}$ 与加压 15s 时的绝缘电阻 $R_{15''}$ 的比值作为绝缘的吸收比。显然 $R_{60''}/R_{15''}$ 的值比 R_∞/R_0 的值要小一些，但由于它们对绝缘受潮的反应是一致的，所以取 $R_{60''}/R_{15''}$ 作为绝缘的吸收比，并不影响其实用价值。对设备容量大、吸收现象严重的试品，可采用 10min 和 1min 时的绝缘电阻之比，即 $K=R_{10'}/R_{1'}$。

对于固体电介质而言，必须注意除了有通过绝缘体内部的泄漏电流外，还有着流过绝缘表面的泄漏电流。两者可分别以体积电阻及表面电阻来表示。所以固体电介质的绝缘电阻包括了体积电阻和表面电阻两部分并联的总和，即

$$R=\frac{R_t R_b}{R_t+R_b} \tag{1-18}$$

关于体积电阻与绝缘尺寸的关系和计算与导体电阻一样

$$R_t=\rho_t\frac{d}{s} \tag{1-19}$$

式中 ρ_t——绝缘介质体积电阻系数，Ω·cm。

而表面电阻与绝缘尺寸的关系是

$$R_b=\rho_b\frac{d}{L} \tag{1-20}$$

式中 ρ_b——绝缘介质表面电阻系数，Ω。

表面电阻系数 ρ_b 主要取决于介质表面吸附水分的能力和水分的分布情况。

从上面分析可知，对一固体绝缘介质施加一直流电压测得的绝缘电阻是体积电阻 R_t 与表面电阻 R_b 的并联值。因此在测量绝缘电阻与泄漏电流时，特别是被试品绝缘电阻较高（泄漏电流较小）时，在接线和测量上应特别加以注意。

（二）试验接线

绝缘电阻和吸收比，通常用绝缘电阻表进行测量，其接线如图 1-21 所示（图中被试物为电缆绝缘）。绝缘电阻表一般有 3 个接线端子，分别为线路（L）、地（E）及屏蔽（G）。测量时，将线路端子（L）和地端子（E）分别接于被试绝缘的两端，如图 1-21 所示。为避免表面泄漏电流对测量造成误差，还应加装保护环，并接到绝缘电阻表屏蔽端子（G）上，以使表面泄漏电流短路。

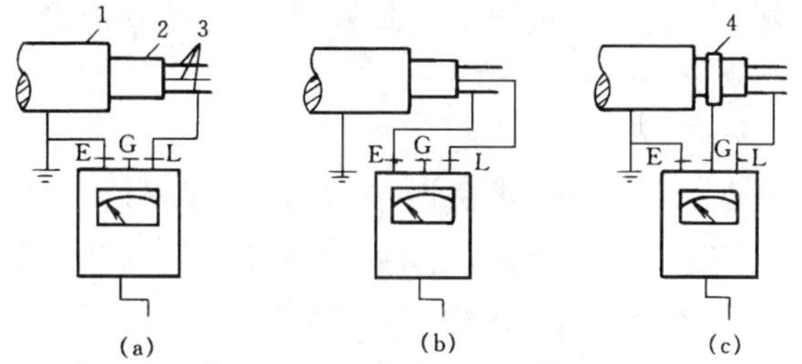

图 1-21 用绝缘电阻表测量绝缘电阻接线

(a) 测对地绝缘；(b) 测线芯间绝缘；(c) 加保护环测对地绝缘

1—金属外皮；2—绝缘；3—线芯；4—保护环

（三）试验步骤

1. 选择绝缘电阻表

通常绝缘电阻表按其额定电压分为 500、1000、2500、5000V 四种，测量范围（满刻度）有 100、1000、2500、5000、10000MΩ 五种。一般而言，额定电压为 1000V 以下的设备，选用 1000V 的绝缘电阻表；额定电压为 1000V 及以上的设备，则用 2500V 的绝缘电阻表。

还有一种晶体管绝缘电阻表，不用手摇发电机，而采用电池供电，由晶体振荡器产生交变电压，经变压器及倍压整流后输出直流电压。晶体管绝缘电阻表使用方便，效果较好。例如 ZC-30 型晶体管绝缘电阻表可输出 5000V 电压，测量范围为 $0\sim10^5$MΩ。

2. 检查绝缘电阻表

使用前应检查绝缘电阻表是否完好。检查的方法是：先将绝缘电阻表的接线端子间开路，按绝缘电阻表额定转速（约 120r/min）摇动绝缘电阻表手柄，观察表计指针，应该指“∞”；然后将线路和地端子短路，摇动手柄，指针应该指“0”。如果绝缘电阻表的指示不对，则需调换或修理后再使用。

3. 对被试设备断电和放电

对运行中的设备进行试验前，应确定该设备已断电，而后还应对地充分放电。对电容量较大的被试设备（如发电机、电缆、大中型变压器、电容器等），放电时间不应少于 2min。

4. 接线

按前述的接线方法进行接线。接线中，由绝缘电阻表到被试物的连线应尽量短，线路与地端子的连线间应相互绝缘良好。

5. 测量绝缘电阻和吸收比

均匀转动绝缘电阻表手柄，保持额定转速，观察绝缘电阻表指针的指示，同时记录时间。分别读取转动 15s 和 60s 时的绝缘电阻 $R_{15''}$ 和 $R_{60''}$。如前所述，$R_{60''}/R_{15''}$ 的比值即为被试品的吸收比。通常以 $R_{60''}$ 作为被试品的绝缘电阻值。读数完毕以后，应先将绝缘电阻表线路端子的接线与被试品断开，然后再停止摇动手柄；若线路端子接线尚未与被试品断开就停止摇动，有可能由于被试品电容电流反充电而损坏绝缘电阻表。在试验大容量设备时更要注意这一点。

6. 对被试物放电

测量结束后，被试品对地还应进行充分放电，对电容量较大的被试设备，其放电时间同样不应少于 2min。

7. 记录

记录的内容包括被试设备的名称、编号、铭牌规范、运行位置，被试绝缘的温度、试验现场的湿度以及测得被试设备的绝缘电阻值和吸收比值等。

（四）对试验结果的判断

对电气设备所测得的绝缘电阻和吸收比，应按其值的大小，通过比较，进行分析判断。

1. 绝缘电阻和吸收比的数值

所测得的绝缘电阻和吸收比不应小于一般允许值。若低于一般允许值，应进一步分析，查明原因。

2. 试验数值的相互比较

将所测得的绝缘电阻和吸收比数值与该设备历次试验的相应数值进行比较（包括大修前后的相应数值比较）、与其他同类设备的比较、同一设备各相间的比较，其数值都不应有较大的差别。否则必须引起注意，并加以妥善处理。

一般而言，设备的好与坏，单凭绝缘电阻、吸收比的测量来判断是不可靠的。但由于测量简单方便，仪表也不复杂，可为其他试验提供参考，所以绝缘电阻和吸收比试验还是有一定价值的，因而被广泛地使用着。

由于温度、湿度、脏污等条件对绝缘电阻的影响很明显，所以在对试验结果进行分析判断时，应排除这些因素的影响。在对绝缘电阻进行比较时，应设法将不同温度下所测得的绝缘电阻换算到同一温度的基础上再进行比较。

二、泄漏电流与直流耐压试验

（一）概述

对绝缘体作泄漏电流试验与用绝缘电阻表作绝缘电阻试验的原理完全相同，不过泄漏电流试验的直流电源由高压整流设备供应，用微安表来指示泄漏电流。与用绝缘电阻表测量绝缘电阻相比，有下列优点：

（1）电压高低可以随意调节，根据被试品的不同电压等级选择试验电压。

（2）泄漏电流试验电压比绝缘电阻表高得多，发现缺陷的有效性高。

（3）根据需要可以采用不同的电压测量泄漏电流，并绘制直流电压与泄漏电流的关系曲线。良好的绝缘材料，泄漏电流与试验电压的关系在一定电压范围内基本上是一条直线，如图1-22中的A点以内。超过此范围，离子活动加剧，泄漏电流增加将比电压增加快得多，如图1-22的AB段呈弯曲状。到B点以后，如再增加电压，则电流急剧增加，产生更多的损耗，以致绝缘体破坏最终击穿。故在泄漏试验中所加的直流电压都在A点以前。这样对绝缘良好者，其伏安特性近于直线较低平，当绝缘有缺陷或受潮时，则泄漏电流急剧增加呈非线性弯曲。因此泄漏电流试验可以分析绝缘有无缺陷和受潮现象的存在，在发掘绝缘局部缺陷上，更具有特殊的意义。

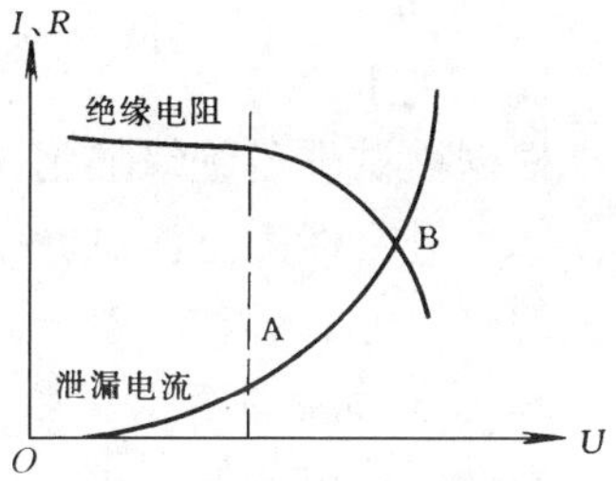

图1-22　直流电压与泄漏电流的关系

(4) 用微安表指示泄漏电流比绝缘电阻表用流比计装置指示绝缘电阻要灵敏，精度高而且稳定性好。

关于直流耐压试验，与泄漏电流的测量，虽然方法一致，但其作用是不同的，前者是考验绝缘的耐电强度，其试验电压较高；后者是用于检查绝缘状况，试验电压较低。目前在高压电机和电缆的试验中直流耐压试验用得比较多。对于电机，直流耐压试验更易发现局部缺陷，特别是电机绕组端部绝缘的缺陷；对于电缆，可用小容量设备进行耐压试验，破坏性小。

(二) 试验接线

泄漏电流和直流耐压试验，需要有一个小容量的直流电源。到目前为止，一般都采用高压整流办法，主要是利用高压二极管的单向导电性能这个特点。整流的办法很多，在电力系统直流高压试验中，一般以半波整流和倍压整流为主。根据微安表在试验回路中所处的位置不同，可分微安表接在高压侧（被试品接地）与低压侧（被试品不接地）两种形式。

图1-23所示为微安表处于低压侧的试验接线，图中：μA为微安表；被试品为电机绕组的绝缘。这种微安表处于低压侧的接线方式，在进行试验时，读数方便。但是，由于电路的高压引线等对地的杂散电流（泄漏电流、电容电流）i_1，以及高压试验变压器对地的泄漏电流i_2等都经过微安表，使微安表的读数中包含了被试绝缘泄漏电流以外的电流，造成测量的误差。在实际测试中，如果被试品一端不直接接地，则微安表可接在被试品与地之间，上述误差即可消除。如果被试品一端已直接接地，则可采用微安表处于高压侧的接线。

图1-24所示为微安表处于高压侧的试验接线。这种接线中，高压试验变压器对地的泄漏电流i_2不经过微安表；如果微安表以及从微安表到被试品一段引线采用屏蔽措施（微安表采用屏蔽罩，高压引线采用屏蔽线，图中均用虚线画出），则高压引线的杂散电流也不经过微安表，微安表所指示的即为流经被试绝缘的泄漏电流，所以用这种接线测量比较准确。采用这种接线的缺点是：读数不方便、而且操作人员在试验过程中调整微安表的量程时，需采取相应的绝缘安全措施，所以操作比较麻烦。

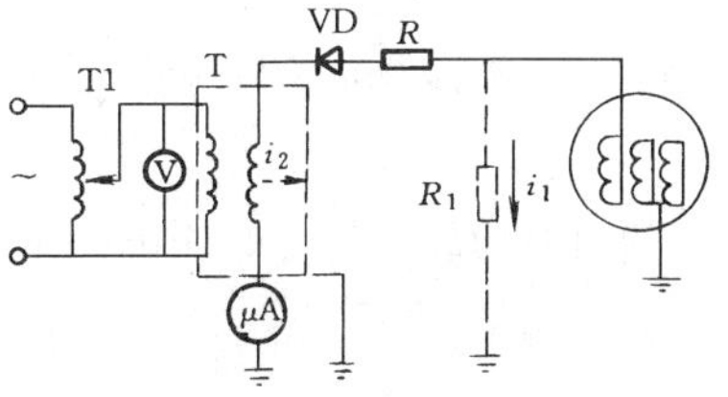

图1-23　微安表处于低压侧的试验接线

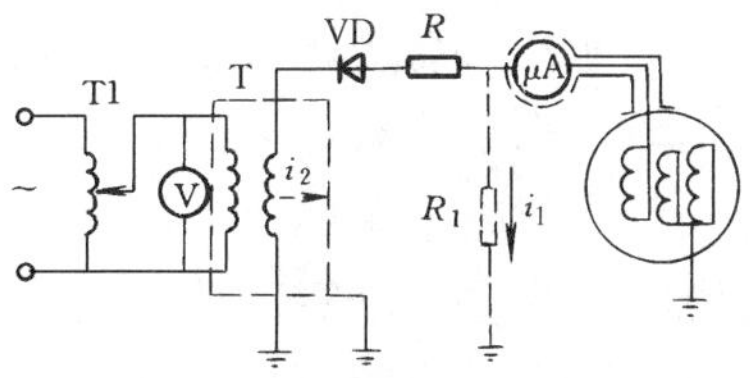

图1-24　微安表处于高压侧的试验接线

（三）试验步骤

1. 确定试验电压

根据被试设备绝缘的情况，按照有关标准的规定，确定试验中应施加的直流试验电压值。如果进行泄漏电流试验结合直流耐压试验，则所能施加的最高试验电压，应是直流耐压试验的电压值。

2. 选择试验设备及试验接线方式

根据试验电压的大小、现有试验设备的条件，选择合适的试验设备及试验接线方式，并正确绘制试验接线图。

3. 现场布置和接线

对于选择好的试验设备，结合试验现场情况，进行合理的布置，而后按接线图进行接线，需要接地的金属外壳等应妥善接地。

4. 逐级升压和读取泄漏电流值

可按直流试验电压值的25％、50％、75％、100％等几个阶段逐级升压，每升高到一级电压时，停留一定时间（通常为1min），待微安表指示稳定后，读取此级电压下的泄漏电流值。当电压升高到直流试验电压全值时，持续时间不得超过直流耐压规定的时间。对试验大电容的被试品（如电机、电缆、电容器等），电压的升高应以均匀缓慢的速度进行，以免充电电流过大，损坏试验设备。

5. 降压、断电及放电

上述试验结束后，应迅速降低电压到零，再切断电源，而后将被试物对地充分放电，对电容较大的被试品，放电时间也不应少于2min。

在施加电压过程中，若发生击穿、闪络现象或微安表指示大幅度摆动等异常情况，应该立即降低电压到零，断开电源，充分放电，而后分析查明原因。

6. 整理记录并绘制电流电压关系曲线

记录的内容包括被试设备的名称、编号、铭牌规范、运行位置，被试绝缘的温度，试验现场的湿度；试验过程中所施加的直流电压值和测量到的相应泄漏电流值。将记录整理后，还应绘制泄漏电流对所施加的直流电压关系曲线。

（四）对试验结果的判断

对泄漏电流试验结果的分析判断与绝缘电阻和吸收比试验相类似，应着重从以下几方面进行。

1. 泄漏电流值

泄漏电流试验中所测得的泄漏电流值不应超出一般允许值，若有明显超出，应该查明原因。

2. 试验数据的相互比较

将泄漏电流数值与被试设备历次相应数据比较、同一设备各相间的互相比较、与其他同类设备的比较，都不应有显著的差异。

同时，在泄漏电流试验中，每一级试验电压下，泄漏电流不应随加压时间的延长而增大，否则说明绝缘存在一定的缺陷。

3. 分析电流对电压的关系曲线

从泄漏电流对试验电压关系的发展趋势来判断，如果电流随电压增长较快或急剧上升，则表明绝缘不良或内部已有缺陷。

影响试验结果的因素及消除方法：

（1）泄漏电流与温度、放电时间和试验电压的关系可参照上节绝缘电阻的测试。

（2）泄漏电流试验中为了消除表面泄漏的影响，和上节一样可用接保护环的方法，微安表在高压侧时保护环接在近高压侧，微安表在低压侧时保护环接在近法兰接地处。

（3）直流试验中，除了接保护环之外还有屏蔽问题。

三、介质损失角正切值的测量

（一）概述

介质损失角正切值 $\tan\delta$ 的测量，对于判断电气设备的绝缘状况是比较灵敏有效的方法。

介质损失角正切值 $\tan\delta$ 的测量，通常采用高压交流平衡电桥，目前在电力系统中常用的是QS1型西林电桥。

西林电桥由4个桥臂和交流检流计组成，原理接线图如图1-25所示。图中 C_x、R_x 为被试品（用并联回路代表）的电容和电阻；R_3 为无感可调十进电阻；C_N 为高压标准电容器；C_4 为可调十进电容；R_4 为无感固定电阻 $\frac{10000}{\pi}\Omega$；G为交流检流计。

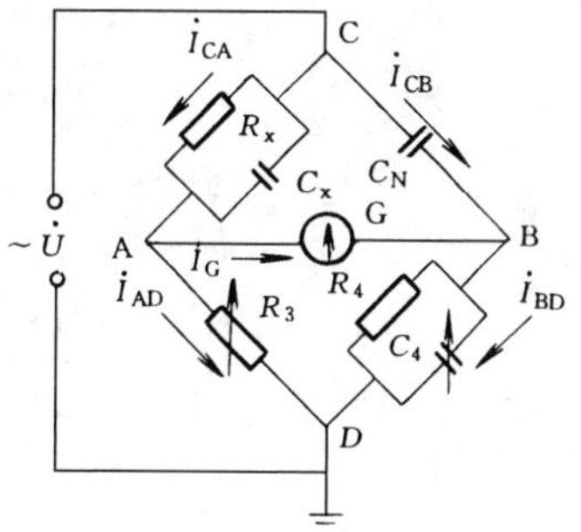

图1-25　西林电桥原理接线图

交流电桥的平衡条件

$$Z_xZ_4=Z_NZ_3 \tag{1-21}$$

即

$$\frac{1}{\frac{1}{R_x}+j\omega C_x}\cdot\frac{1}{\frac{1}{R_4}+j\omega C_4}=\frac{1}{j\omega C_N}\cdot R_3 \tag{1-22}$$

使式（1-22）中实数部分与虚数部分分别相等，则可得

$$R_x=\frac{R_3(1+\omega^2R_4^2C_4^2)}{\omega^2R_4^2C_4C_N} \tag{1-23}$$

$$C_x=\frac{R_4C_N}{R_3(1+\omega^2R_4^2C_4^2)} \tag{1-24}$$

因为被试品用并联回路代表，所以

$$\tan\delta=1/\omega C_xR_x=\omega C_4R_4 \tag{1-25}$$

又因 $\tan^2\delta\ll1$，可略去，所以

$$C_x=\frac{R_4C_N}{R_3\ (1+\tan^2\delta)}\approx\frac{R_4}{R_3}C_N \tag{1-26}$$

在工频50Hz时，$\omega=2\pi f=100\pi$，取 $R_4=\frac{10000}{\pi}\Omega$，则

$$\tan\delta=C_4\ （以微法计）$$

此时电桥中 C_4 微法数值经刻度转换就是被试品的 $\tan\delta$ 值，直接从电桥面板上读得。

（二）接线方式

QS1型电桥包括桥体（装在箱内的测量装置）及外附标准电容器两部分，且其内部各元件对地已有足够的绝缘强度（对地工作电压10kV），故可根据试验需要采用不同的接法。

交流电桥的接线方式有正接线法和反接线法。

1. 正接线法

所谓正接线法就是正常接线，如图 1-26（a）所示。电桥 D 点接地，C 点加高压，被试品 Z_X 两极对地均应绝缘，由于电桥中 Z_x 和 Z_N 的阻抗比 Z_3 和 Z_4 大得多，外加高电压主要降落在 Z_x 和 Z_N 上，所以桥体 Z_3 和 Z_4 处于低压，操作安全方便。为了确保人身安全，在 A、B 两点接有放电器，避免在操作不当时，在 A、B 两点出现高电位的危险，试验中因不受被试品对地寄生电容的影响，所以测得结果比较准确。但现场电力设备外壳几乎都是接地的，故采用正接线法测量受到了一定的限制，主要在试验室中采用。

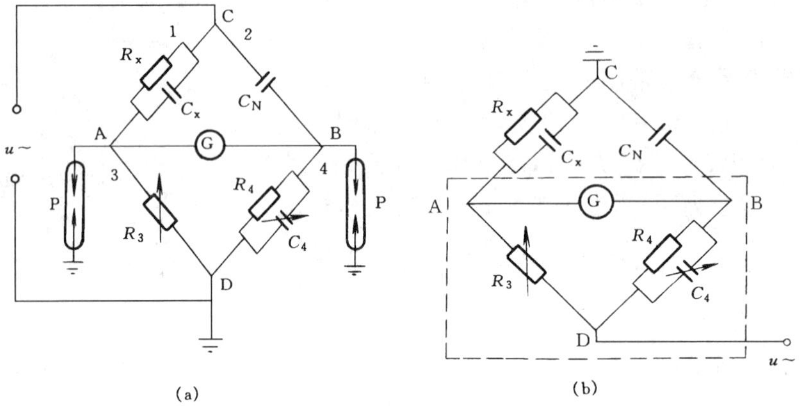

图 1-26　西林电桥测量 tanδ 原理接线图

（a）正接法；（b）反接法

2. 反接线法

如图 1-26（b）所示，电桥 C 点接地，D 点加高压，这时的高、低电压端恰与正接线法相反，因而称为反接线法。反接线法适用于被试品一极接地的情况，故在现场应用较广。在反接线时，桥体内的 Z_3 和 Z_4 桥臂及部件处于高电位，所以在面板上的各种操作都是通过绝缘柱传动的。此时，被试品高压电极连同引线的寄生电容将与被试品电容 C_x 并联而造成测量误差，尤其是 C_x 较小时更为显著。此时电桥桥体处于高电位，面板上的接地端子应妥善接地，引线对地应保持足够的距离，测量中应注意安全。

（三）用西林电桥测量 tanδ 的步骤

西林电桥各种接线方式测量 tanδ 的操作步骤基本相同，一般操作步骤如下：

（1）根据试验条件选择合适的接线方式，并正确接线。

（2）将 tanδ（%）、R_3、检流计灵敏度等调节旋钮置于零位，极性开关置于"断开"位置。

（3）根据被试品电容电流的大小，选择电桥分流器的位置。

（4）先后合上电源插头及指示灯开关，这时检流计刻度盘上应出现一条狭窄的光带，用检流计调零旋钮将光带调到刻度盘中间零位。

（5）确认接线正确无误后，合上调压器电源开关，均匀升高试验电压到所需数值（一般为 8～10kV）。

（6）把极性开关旋至"＋tanδ""接通 1"的位置。

(7) 调节检流计灵敏度，使狭窄光带放大扩宽，直到占据总刻度的1/3～1/2为止。

(8) 调节检流计频率旋钮，使光带达到最大宽度；若光带超出刻度盘，应减小检流计灵敏度，再将光带调到最大宽度。

(9) 调节R_3，使光带缩小，再调节tanδ（%），使光带进一步缩小；增大检流计灵敏度，再反复调节R_3和tanδ（%），直到检流计灵敏度调到最大位置；再进一步细调R_3和tanδ（%）以及滑线电阻ρ，直至光带缩小到最窄（通常不超过4mm），这时电桥达到平衡。

(10) 将检流计灵敏度调回零位。记录R_3、tanδ（%）、ρ值及分流器位置。

(11) 把极性开关旋到"＋tanδ""接通2"的位置，再将检流计灵敏度放大到最大的位置，若光带有扩大现象，说明有电磁场干扰，应重新调节R_3、tanδ（%）、ρ值，使光带缩到最窄，再将检流计灵敏度调回零位。记录R_3、tanδ（%）、ρ值。

上述两次所测tanδ（%）的平均值即可作为被试品的介损值（tanδ）。

（四）对试验结果的判断

对介损试验中所测出的tanδ值进行判断时，与绝缘电阻和泄漏电流试验的判断相类似，应着重从以下几方面进行。

1. tanδ值的判断

测出的tanδ值不应超出有关标准的规定。若有超出，应查明原因，必要时应对被试品进行分解试验，以便找出问题所在，并进行妥善处理。

2. 试验数值的相互比较

将所测得tanδ值与被试设备历次所测得tanδ值相比较，与其他同类型设备相比较，同一设备各相间比较。即使未超出标准规定，但在上述比较中，有明显增大时，同样应加以重视。

3. 测试tanδ对电压的关系曲线

对于良好的绝缘，在击穿电压以下的范围内，随电压升高，在有功电流I_R增加的同时，无功电流I_C也成正比地增加，因此tanδ不随电压的变化而变化；但因绝缘老化，或内部有分层、裂缝以及其他原因使绝缘中含有气体时，气体发生游离，有功电流I_R增加，损耗增加，tanδ会迅速增大。利用这一特性，必要时可通过测量tanδ对外施电压的关系曲线来判断绝缘缺陷。

（五）影响试验结果的因素

1. 电场干扰及消除方法

(1) 尽量离开干扰源，在被试品上加装屏蔽罩。

(2) 倒相法，在一次测量之后把电源反相再进行一次测量，取两次测量的平均值即可。

(3) 移相法，由向量关系可知，采用移相的方法使得试验电流与干扰电流同相或反相，则测得的tanδ就与其实际值一致，只是电容量C_x有差别。

2. 磁场干扰及消除方法

在测试时电桥电路中主要的干扰是由于强磁场作用于检流计线圈产生感应电动势，或直接作用于永久磁铁上而引起误差。为了检查是否存在磁场干扰，可将检流计转换开关放在中间断开位置，观察光带扩展的宽度，宽度较大就表明有磁场干扰存在。通常是在测量后变换一下检流计极性再测，如数值发生变化，就说明有磁场干扰存在。

小结

电介质也称绝缘材料，是电气设备不可缺少的基本组成部分之一，起隔离带电或不同电位导体的作用，电流因此才能按要求在导体里流通。它还起着散热、冷却、支撑固定、灭弧、储能、防潮霉和保护导体等作用，要承受电、热、各种机械应力的考验。所以电气设备对电介质的要求是相当高的。电介质是电气设备运行正常、安全、可靠的重要保证。

电介质在电场作用下将发生极化、电导、损耗和击穿 4 种物理现象，可归纳用四个物理参量来表征，即相对介电系数 ε_r、电导率 γ（或电阻率 ρ）、介质损耗角正切值 $\tan\delta$、击穿电压 U_{pu}。

相对介电系数 ε_r，是大于 1 的数，没有单位。电子式、离子式极化是无损的，偶极子式、夹层极化是有损的，在电介质等值电路中可分别用纯电容 C_0 及电容 C_a 和电阻 r_a 串联二支路表示，等值电路中还有一条和电导相对应的支路，用电阻 r_∞ 来反映。

电介质的电导与金属的导电是有本质区别的。对于固体电介质必须注意，除了体积电阻 R_t 还有表面电阻 R_b。对它施加直流电压时，测得的绝缘电阻值实为 R_t 与 R_b 之并联值。在天气潮湿、环境污秽时，必须去除表面泄漏对测量值的影响。

在交流电压作用下，除电导损耗外，还有由于周期性极化而引起的能量损耗，就引出了新的物理量——介质损耗角正切值 $\tan\delta$。因为 $P=U^2\omega C\tan\delta$，所以 $\tan\delta$ 值直接反映了材料的损耗特性。对于组合绝缘 $\tan\delta_\Sigma-\dfrac{\sum C\tan\delta}{\sum C}$，所以测整体的 $\tan\delta$ 不能发现局部受潮与劣化，应尽量解体后测量。

对气体介质的击穿，在均匀电场下：低气压短间隙之放电机理可用汤逊放电理论，而大气条件下长间隙可用流注放电理论。它们都以碰撞游离为基础。不同的是自持放电的形成条件：前者由金属表面游离来完成，满足方程 $\gamma(e^{\alpha s}-1)=1$；而后者由于电场的明显畸变，极间电场减弱，部分电子、正离子的复合形成光游离而产生二次电子，生成新的二次电子崩，且与初始电子崩汇合，产生流注，流注形成就满足了自持放电条件。在极不均匀电场中放电过程有极性效应，也是由于空间电荷影响之故。在曲率半径小的电极近处加屏障（极间障），不论直流、交流（还有冲击）均可提高击穿电压。大气条件对气体放电电压有直接影响。气压 p、气温 T、湿度 k 的影响可用 $u=\dfrac{\delta}{k}u_0$ 来反映。海拔影响一般每升高千米，空气绝缘能力下降 10%。沿面放电是气体放电的一个特例，在电气设备的外绝缘中要加以注意。

液体介质的击穿，可用“小桥理论”来描述。杂质（气泡、水分，特别是受潮的纤维）在其中起了主要的作用，最后在气体通道中击穿。所以要提高液体介质的击穿，就要阻止杂质“小桥”的形成。

固体介质的击穿，可分为电击穿、热击穿和电化学击穿三种形式，三者最明显的区别在于电压作用时间的长短。要注意考虑两个效应：一是在电极边缘处有局部放电产生而引起击穿电压下降之“边缘效应”，二是在冲击电压多次作用下，绝缘击穿电压随之下降的“累积效应”。

电介质的其他性能，主要有热性能、机械性能、吸湿性、生化性能等方面。按耐热性可分为7级，这是工程上各类绝缘材料允许长期使用的最高温度，是设备安全、持续运行的保证。在使用中一定要加以重视，不然会大大缩短使用寿命。

电气绝缘试验是保证电气设备可靠工作，安全运行的重要手段。

绝缘的缺陷通常可以分成两类：一类是集中性缺陷，另一类是分布性的缺陷。绝缘有了上述两类缺陷后，其绝缘性能就要变坏。通过试验可把隐藏的缺陷检查出来。

电气设备的预防性试验的内容包括若干电气试验项目，如测量绝缘电阻、吸收比、极化指数、直流电阻、泄漏电流、介质损失角正切值、电压分布、局部放电和交直流耐压等；还包括某些机械特性试验项目，如开关动作特性（程序、时间、速度等）；还包括一些理化测试，如油的化验、油中含气的色谱分析、SF_6气体中的含水量测试等。绝缘试验的方法分成了两大类：第一类是非破坏性试验；另一类是破坏性试验（耐压试验）。破坏性试验通常在非破坏性试验之后进行，如果非破坏性试验已表明绝缘存在不正常的情况，则必须在查明原因并加以消除后再进行耐压试验，以避免不应有的击穿。

习 题

1-1 什么叫电介质极化？极化有哪些基本形式？它们各有何特点？

1-2 什么叫介质的相对介电系数？相对介电系数在工程应用中有何意义？

1-3 固体电介质的电导与金属的电导有何不同？其表面电阻与体积电阻之差异和影响介质电导之因素是什么？

1-4 描述介质等值电路各支路的含义。

1-5 试说明介质损耗角正切值 $\tan\delta$ 的物理意义，与电源频率和温度的关系。

1-6 简要叙述气体放电之汤逊放电理论与流注放电理论的内容。

1-7 何谓极性效应？在棒—板电极中，为什么棒为正极时的击穿电压要比棒为负极时的低？

1-8 如何考虑大气条件对空气间隙放电电压的影响。

1-9 什么叫沿面放电？固体介质的沿面闪络电压为何比同一纯空气间隙的击穿电压低？

1-10 试述液体电介质击穿之“小桥理论”，及其影响因素。

1-11 试述固体介质击穿形式之分类及各自特点。

实验一 绝缘电阻、吸收比的测量

一、实验目的

（1）了解绝缘电阻表的原理，掌握绝缘电阻表的使用方法。

（2）学习绝缘电阻、吸收比的测量方法，掌握分析绝缘状态、判断故障位置的方法。

二、实验原理

测量绝缘电阻及吸收比就是利用吸收现象来检查绝缘是否整体受潮，有无贯通性的集中性缺陷。绝缘电阻、吸收比的概念见教材。DL/T 596—2021《电力设备预防性试验规程》规定加压后60s和15s时测得的绝缘电阻之比为吸收比，即

$$K = R_{60''}/R_{15''}$$

当 $K>1.3$ 时，认为绝缘干燥，而以 60s 时的电阻为该设备的绝缘电阻。

三、实验装置和接线图

（1）用绝缘电阻表测量被试品的绝缘电阻及吸收比。绝缘电阻表亦称为摇表或兆欧表，其基本原理如图 1-27 所示。它由一台手摇直流发电机和磁电式流比计组成。其电压有 500、1000、2500、5000V 等，规程规定对额定电压为 10kV 及以上的电气设备均用 2500V 绝缘电阻表测量。绝缘电阻表有 3 个接线端：相线 L、地线 E、屏蔽 G。内部以流比计作为测量机构。流比计由两个绕向相反、互相垂直并固定在同一轴上的线圈（电压线圈 LV、电流线圈 LA）组成。当 E、L 间接入试品后，这两个线圈分别接在直流发电机出口的两个并联支路上。摇动电机手柄，在直流电压作用下电流 i_V 流过线圈 LV，电流 i_A 流过线圈 LA，产生两个方向相反的力矩。在力矩差的作用下线圈带动指针旋转，直至相互平衡为止，指针的偏转角 α 仅与两并联电路中电流的比值有关，即

$$\alpha = f\ (i_V/i_A)$$

而电流与电阻成反比，i_A 流过被测电阻，所以偏转角的大小就反映了被测电阻的大小。

（2）用绝缘电阻表测绝缘电阻及吸收比的具体接线如图 1-28 所示。在测试时，为避免试品表面泄漏电流 i_2 和 L、E 之间泄漏电流 i_3 也流过 LA 而引起误差，需使用屏蔽端 G，G 直接与电源负极相连。将 i_2、i_3 直接引向电源而不经流比计，从而避免了误差，如图 1-28 所示。

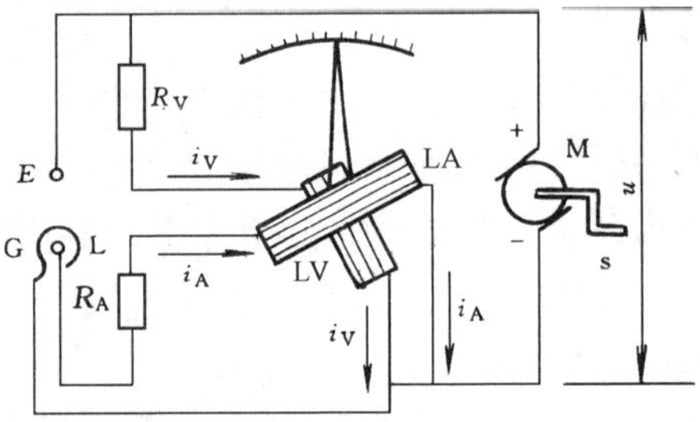

图 1-27 绝缘电阻表基本原理

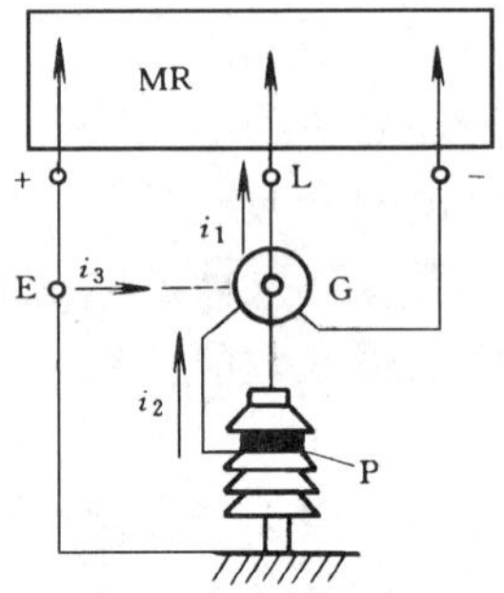

图 1-28 屏蔽接线

四、实验方法

（1）断开被试设备的电源及一切外联线，将被试品对地充分放电，容量较大的放电不得少于 2min。

（2）用清洁干净的软布擦去被试品表面的污垢。

（3）将绝缘电阻表水平放置，检查其是否能正常工作，方法是：①摇动手柄到额定转速（约 120r/min），此时指针应指向"∞"；②用导线短接 L、E，慢慢摇动手柄，指针应指向零（注意：摇动手柄的转速太快会损坏表针）；③将被试品的地线接于绝缘电阻表 E，同时将被试品的非测量部分短接接地，被试品的另一引线暂不连至 L 端，将手柄空摇至额定转速，指针应指向"∞"，这时表明绝缘电阻表可正常工作，停摇后，将引线接到被试品上。如可能产生表面泄漏电流，应加屏蔽，接在摇表 G 端。

（4）以 120r/min 的均匀速度转动绝缘电阻表，待指针稳定后读取绝缘电阻值。

（5）测吸收比时，应从绝缘加上全部额定电压后才开始计时，因此，可在绝缘电阻表接

地侧装一绝缘良好的隔离开关，当绝缘电阻表达到额定转速时合上隔离开关，同时开始计时：在1min内，记录15s和60s时的读数，取60s时读数为绝缘电阻值。

（6）测量完毕后，应立即断开接线，然后再停止转动手柄，以免被试品电容电流反充而损坏绝缘电阻表，特别是试验大容量设备更要注意。最后将被试品放电，不少于2min。

（7）测量时应记录当时试品温度、气候情况和日期。

五、实验结果分析

1. 绝缘电阻

通常认为当绝缘电阻降至初始值的60%时应查明原因。造成绝缘电阻显著下降的原因有：

（1）全部或局部绝缘有贯穿性受潮；

（2）全部或局部表面有贯穿性脏污；

（3）绝缘中存在因局部放电造成的贯穿性烧伤导电通道。

2. 吸收比

吸收比是同一设备两个电阻的比值，故排除了绝缘结构几何尺寸的影响，规程规定了在10～30℃时，吸收比不小于1.3。

六、思考题

（1）加在被试品上的电压是什么极性？为什么要采用这种极性的电压？

（2）测量绝缘电阻时为什么同时要记录温度？

（3）为什么几何尺寸不同时绝缘电阻也不同？吸收比与几何尺寸有关吗？

实验二　泄漏电流及直流耐压试验

一、实验目的

（1）掌握获得直流高压的方法。

（2）学习测量泄漏电流的方法，并根据泄漏电流的变化状况来分析绝缘状况。

二、试验装置接线

测量泄漏电流所需的直流高压是利用交流电压经整流器整流而获得的。用得较多、最简单的是半波整流电路，如图1-29所示。图中C为稳压电容，可减小输出电压的脉动，一般取C为0.1pF即可，对大容量试品，如电缆、电力电容器等，其本身电容量就很大，可不用电容器。R_1为保护电阻，用以限制当被试设备击穿放电时在回路中造成的大电流，其阻值按硅堆整流器的短时最大允许电流来选择

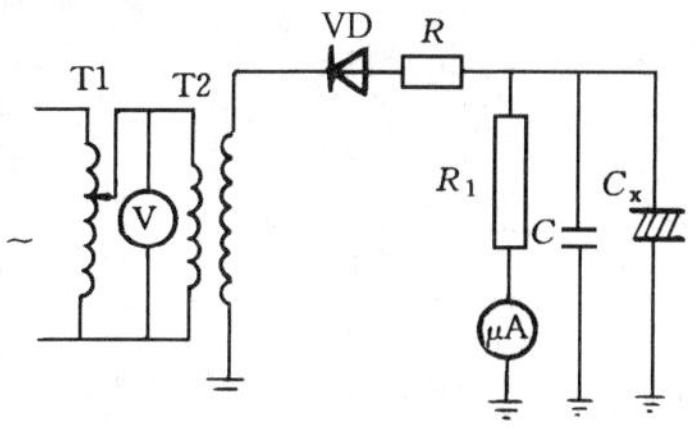

图1-29　半波整流电路

$$R_1=U/I_m$$

式中　U——试验时所加直流高压，kV；

I_m——硅堆的短时最大允许电流，mA；

R_1——保护电阻，MΩ。

为保证电阻R_1有一定热容量，且电阻表面不发生闪络，宜采用水电阻，表面长度按1kV/cm设计。

当硅堆串联使用时，为使硅堆电压分布均匀，需并联均压电阻，其阻值一般取硅堆反向电阻值的$\frac{1}{3}\sim\frac{1}{4}$。

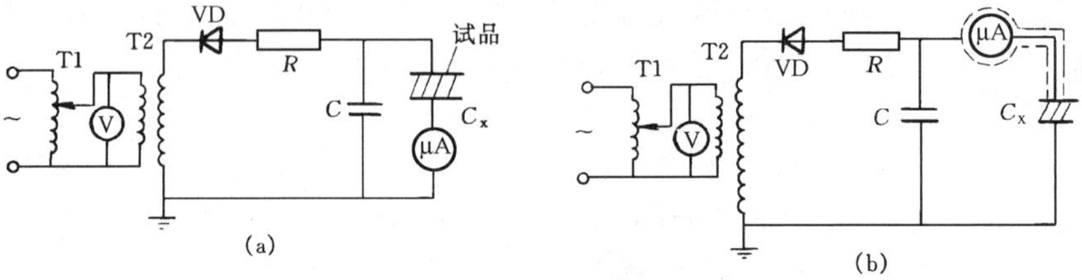

图 1-30　直流泄漏电流测量接线图

(a) 微安表在低压端；(b) 微安表在高压端

所产生的直流高压可用静电电压表直接测量或通过高阻串联微安表进行测量，如图 1-30 所示。利用微安表测量泄漏电流，其接线常有图 1-30（a）、（b）两种。图 1-30（a）所示接线中微安表在低压端，读数比较安全，操作方便。但试品需对地绝缘，在现场中实现困难。所以工程上常用图 1-30（b）所示接线，微安表在高压端，为避免高压部分产生电晕和表面泄漏电流引起误差，将微安表放入屏蔽罩内且采用屏蔽的高压引线，这样测量准确，但操作不方便。

为避免在试验过程中大电流通过微安表，微安表需进行保护，一般的保护线路如图 1-31 所示。图中 C 为滤波电容，用来滤掉测量回路中的交流分量并使放电管 F 能稳定放电，一般取 0.5～5μF，300V；放电管 F 是保证回路中出现微安表不允许的电流时能迅速放电，将微安表短接。放电管放电电压约 50～150V，利用在微安表支路中串一适当增压电阻 R'，其阻值 $R'=U_F/I_{\mu A}\times10^6$（Ω），其中 U_F 为放电管实际放电电压（V），$I_{\mu A}$ 为多量程微安表所用挡的电流满刻度值（μA）。

三、实验原理

泄漏电流测量原理与绝缘电阻的测量原理完全相同。绝缘电阻表由于其容量小，故绝缘电阻的测量受其负载特性的影响，绝缘劣化时影响尤为严重。用图 1-29 所示直流高压装置来测量绝缘的泄漏电流时，与绝缘电阻表相比有以下优点：①试验电压高，且可任意调节试验电压值，对一定电压等级的被试品加以相应的试验电压，可使绝缘本身的弱点更易显示出来；同时在升压过程中，可随时监视微安表的指示，以了解绝缘状况：如绝缘良好，则泄漏电流与电压的关系应是按正比例增大；如绝缘有缺陷或受潮时、泄漏电流的增长比电压增长快，且电压较高时，泄漏电流急剧增加，还会有一些其他不正常的现象；②微安表的测量精度比绝缘电阻表高；③测量泄漏电流可与直流耐压合并进行。

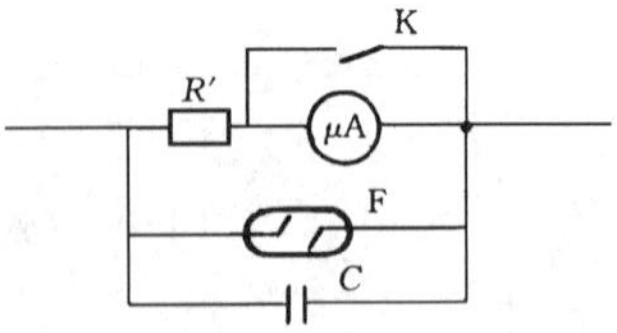

图 1-31　微安表的保护线路

直流耐压试验与泄漏电流测量，方法一致，但试验的作用有所不同。前者校核耐电强度，其试验电压较高；后者着重检查绝缘状况，其试验电压较低，二者均能反映设备受潮、劣化和局部缺陷等问题，而直流耐压因电压高对于发现局部缺陷更有效。

四、实验方法

（1）根据现有条件选择合适的试验设备和接线图。

（2）按接线图接线。通电前，应查看接线和所有表计数值是否正确，调压器位置是否处在零位。

（3）试验中，电压逐渐升高，并读取相应的泄漏电流值。

（4）试验中，如有击穿、闪络、微安表指针大幅度摆动或电流突变等异常现象时，应马上降压、切断电源，查明原因，经处理后再做。

（5）试验完后，降压，切断调压器电源，最后切断总电源。

（6）每次试验完毕，须将被试品经电阻对地充分放电。根据放电火花的大小，也可大概了解被试品绝缘状况。放电时应使用绝缘棒，放电完毕后，应在被试品上挂上接地棒，方可拆线或更改接线。

五、实验结果分析

与绝缘电阻一样，不同试品的泄漏电流不同。所以规程中只规定了泄漏电流的参考值。为正确判断绝缘状况，也应将所测得的泄漏电流值进行纵横比较。同样，温度对其影响也较大，应尽量在接近温度测量，不同温度下的泄漏电流应换算为同一温度时的值再作比较。

测试泄漏电流时，由于所加电压较高，如达到试验电压时还可以兼作直流耐压试验，规程中给出了不同试验电压下的泄漏电流参考值。直流耐压试验可以发现一些未贯穿的集中性缺陷，甚至可能发现试品将击穿，泄漏电流大大增加。

六、思考题

（1）泄漏电流及直流耐压试验中试品为变压器及电缆时，接线图如何？

（2）为提高测量准确度可采用哪些方法？

实验三　介质损耗角正切 $\tan\delta$ 的测试

一、实验目的

（1）了解 QSⅠ型西林电桥的工作原理及结构，学习操作测试方法。

（2）学习绝缘油介损角正切的测量方法。

（3）掌握用所得测量结果判断被试品绝缘状况的方法。

二、实验原理

工程介质都不是理想的电介质，都是有损耗的，在交流电压作用下，绝缘物中产生的损耗称为介质损耗。绝缘的功率因数角的余角称为介质损耗角，用 δ 表示。

介质损耗 P 与外施电压 U，试品几何尺寸均有关系，而 $\tan\delta$ 却与试品尺寸无关，仅与试品的绝缘性能有关。因此可用 $\tan\delta$ 值表征介质在交流下的绝缘性能。

三、试验装置及接线

测量介质损耗角正切 $\tan\delta$ 通常用 QSⅠ型西林电桥。

QSⅠ型西林电桥是一种平衡电桥，具有灵敏度高、测量精确、携带方便的特点，其基本原理如图 1-32。电桥由 4 个桥臂组成，AF 臂接被试品 C_x、R_x，BF 臂接无损标准空气电容器 C_N，BD 臂接入固定无感电阻 R_4，及与之并联的可变电容器 C_4，AD 臂接可变无感电阻 R_3，FD 对角间加试

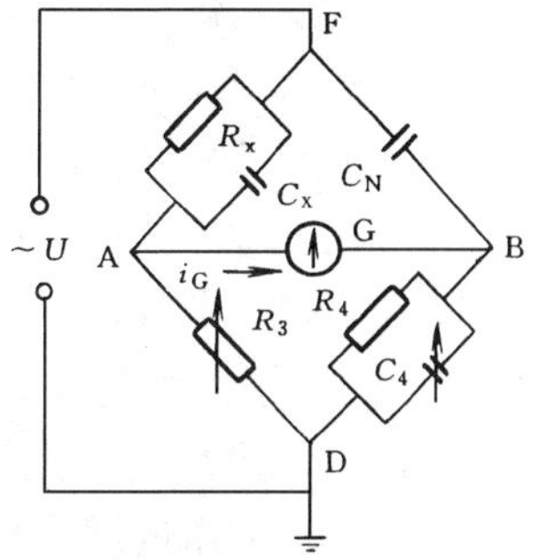

图 1-32　西林电桥基本原理图

验电压，AB 对角间接入振动式检流计 G。

当电桥平衡时，检流计中无电流通过，光带最窄，有

$$\tan\delta=\omega C_4R_4,\qquad C_x=\frac{R_4}{R_3}C_N$$

在 QSⅠ型电桥中，令 $R=10000/\pi=3184$（Ω）；在工频下使用时，$\tan\delta=10^6C_4$，若 C_4 的单位为 μF，则 $\tan\delta=C_4$，试验时调节 R_3、C_4，使电桥平衡，就可直接读出 $\tan\delta$。调节 R_3 是使对应的桥臂电压的幅值相等，调 C_4 是使相应电压的相角相等。R_3 由十进制电阻箱组成，ρ 为滑线电阻作为 R_3 的微调。C_4 也是由 10 进制电容箱组成。

QSⅠ型西林电桥有两种试验接线：正接线和反接线，如图 1-33。被试品两极对地都绝缘，采用正接线，如测量变压器高低压绕组间的 $\tan\delta$。而对于一极接地，一极绝缘的设备采用反接线，如测量变压器、互感器绕组对地的 $\tan\delta$。

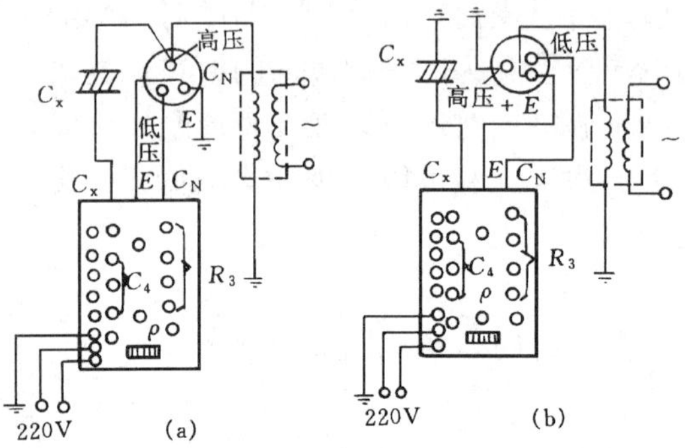

图 1-33 QSⅠ型西林电桥试验接线图

（a）正接线；（b）反接线

正接线时，电桥处于低压，操作比较安全，外界干扰的影响也较小。反接线时，电桥处于高压，R_3、C_4 在高压端，操作不太安全，因此电桥本体内的全部元件都具有足够的对地绝缘强度。QSⅠ电桥是通过绝缘连杆调节 R_3、C_4，调节手柄的绝缘强度应能保证人身安全，这样操作方便，得到了广泛应用，但这种接线法比正接法抗干扰能力差。

四、实验方法

（1）按被试设备的类型，选择接线方式并按图 1-33 接好线。

（2）将 R_3、C_4 及检流计灵敏度等旋钮均放在零位，极性切换开关置于“$+\tan\delta$”的断开（中间）位置。调谐旋钮可在任一位置。合上检流计电源，调节检流计谐振旋钮至光带最窄，逐级放大检流计灵敏度，微调谐振旋钮至光带最窄时为止，随后将灵敏度调至最小位置。

（3）根据试品电容电流的大小，选择分流转换开关位置。

如事先不知道试品的电容量，可把分流器旋钮放在最大的一挡，在试验变压器高压绕组接地端接一微安表，加上试验电压后，读取电流数值再加以调整。

（4）确认接线无误后，合上调压器电源开关，把试验电压升到所需值，一般在 5kV 及 10kV 电压各测一次 $\tan\delta$ 及电容量。

（5）在 5kV 时将极性开关扳至“$+\tan\delta$”的“接通 1”位置，调整检流计灵敏度旋钮，使光带扩大到满刻度的 1/3～1/2，旋转检流计调谐旋钮，使光带达到最大，逐步调节 R_3、C_4，使光带缩到最小，然后提高灵敏度继续调 R_3、C_4，使光带收缩，这样反复调节，最后直至灵敏度最大时，光带调到最小为止（与灵敏度在“0”时一样），则此时可认为电桥平衡。记录 R_3、C_4 的数据，将灵敏度退到“0”位。继续升压到 10kV，重复上述操作进行测试。

（6）作完记录后，将灵敏度退回“0”位，断开极性开关，降低试验电压，拉开电源开关，将 R_3、C_4 旋钮退回零位。

（7）应注意：①每次升压或改换开关操作时须将检流计灵敏度调至最小；②在高压下不

得有电晕产生，否则电桥不能平衡；③升压前，将检流计反向开关在两个位置上进行观察，在最大灵敏度下观察是否存在磁场干扰，如有，则应在两个位置上进行测试后取平均值；④测试完毕，如需触及高压端部件时，须切断高压电源，并用接地棒将设备接地放电，以保证人身安全。

五、实验结果分析

一般而言，绝缘良好的电介质 tanδ 很小，绝缘受潮、老化后 tanδ 增大。

由于 tanδ 与温度有很大关系，温度越高，tanδ 越大，因此在比较时应注意在相同温度下进行。不同温度下应换算。

对大体积绝缘设备中的局部缺陷，测量 tanδ 是难以发现的。应尽可能将设备分解，逐一测试，直至找到有缺陷的部分。

设备绝缘的 tanδ 单个值，虽能说明一些问题，但对于了解电气设备的实际情况来说，更重要的是观察在不同试验电压下 tanδ 的变化。在不同试验电压下，tanδ 太大时，设备绝缘必然有不良现象存在。

六、思考题

（1）同一试品在正、反接线下的测试结果和不同电压下的测试结果有无差异？为什么？

（2）为什么测量 tanδ 对大体积设备中的局部缺陷不灵敏？

实验四 交流耐压试验

一、实验目的

（1）熟悉工频试验变压器和产生工频高压的方法。

（2）熟悉工频高压的测量方法。

（3）掌握一般电力设备的工频交流耐压的试验方法。

二、实验原理

进行交流耐压试验时要对电气设备施加略高于运行中可能遇到的过电压数值，并经历一定时间，能通过交流耐压试验的电气设备便能保证它的绝缘强度。这个试验必须在非破坏性试验（绝缘电阻、吸收比、介损等）合格的情况下才能进行。

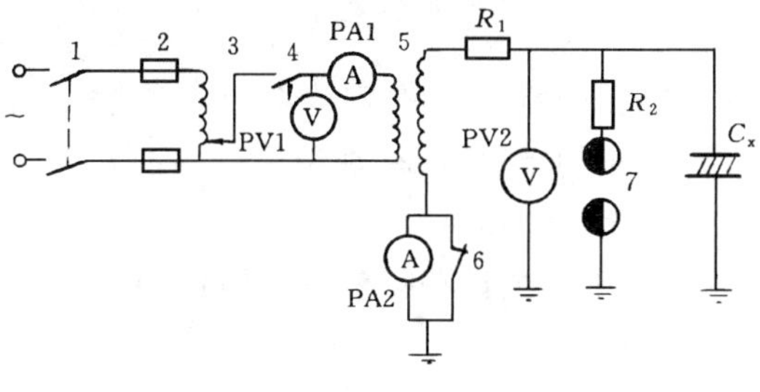

图 1-34 交流耐压试验接线图

1—隔离开关；2—熔断器；3—调压器；4—电磁开关；5—高压试验变压器；6—短路隔离开关；7—保护球隙；R_1、R_2—保护电阻；PA1、PV1—调压器控制箱自带电流表、电压表；PA2—毫安表；PV2—静电电压表；C_x—试品

三、实验设备及接线

如图 1-34 所示，交流耐压试验装置主要由调压器、试验变压器、保护电阻和测量装置构成，在选择试验变压器时，应考虑其电压是否合格，容量是否足够，这可根据被试设备电容量，按下式进行估算

$$I_c = 2\pi f C_x U_t \times 10^{-6}$$

式中 I_c——试验变压器高压侧电流，A；

C_x——被试设备电容量，μF；

U_t——加在被试设备上的试验电压，V；

f——电源频率，取 50Hz。

变压器容量

$$S=\omega C_x U_t^2 \text{ (kVA)}$$

式中 U_t——试验电压，kV。

调压器选用自耦调压器或移圈式调压器，容量为试验变压器的0.75～1.1倍，保护电阻值R_1一般按0.1Ω/V选择，采用水电阻，测量时用静电电压表PV2直接测量试品上所加高压。

四、试验方法

（1）首先查看其他各项非破坏性试验的结果，只有都合格才能进行耐压试验，若有不合格者，应查明原因，并加以消除。

（2）试验前画出详细的接线图，试验设备和表计的选择应适当，接线正确可靠，高压部分应有足够的安全距离。

（3）升压前，先拆去被试品的高压引线，短接毫安表。合上电源开关，缓慢升压，调整保护球隙的放电电压为试验电压的1.1～1.5倍，然后降到试验电压，持续1min，再把电压降到零，切断电源。

（4）接上试品，调压器应至零位，合上电源，开始升压。在试验电压的40%之前，上升速度可以是任意的，以后应以每秒3%～4%的试验电压的速度均匀上升到要求的数值。如果升压太快，当试品击穿时，电压表指针由于惯性继续上升，使读数不准。

（5）当电压升到试验电压时，开始计时，读取试验电压及电容电流，保持1min后迅速、均匀地降压至零，拉开电源，将试品接地放电。

（6）在升压和耐压试验过程中，如发现下列不正常现象时，应立即拉开电源，停止试验，并查明原因：

1）电压表指针摆动很大；

2）毫安表的指示急剧增大；

3）发现绝缘有烧焦或冒烟现象；

4）被试设备发生不正确响声。

（7）耐压试验前后，应用绝缘电阻表检查绝缘状况。

五、结果分析

（1）被试品在交流耐压试验中，在持续时间内，不击穿为合格，反之则为不合格。试品是否击穿，可按下面情况分析：

1）根据试验时接入的表计分析，一般情况下，试品击穿，则表现为电流表读数突然上升。但有时被试品击穿时，电流表指示变化不上升，反而下降，这种现象往往是试验变压器容量不够，此时可观察高压端电压表，如击穿，指示会突然下降。

2）根据控制回路状况分析，在保护控制回路中，如果过电流保护整定值适当，则被试品击穿时，过电流继电器动作，开关跳闸。

3）根据试品状况分析，试验过程中，如果试品发生击穿声响、断续放电声响、冒烟、跳火、焦味及燃烧等都是不允许的。如判定上述情况发生在设备绝缘上，则认为被试品存在问题，或已击穿。

（2）当被试品是有机绝缘材料时，试验结束并放电后立即触摸，如出现普遍或局部过热，便认为绝缘不良，需经处理后再行试验。

（3）对组合绝缘的设备或有机绝缘材料，其耐压前后绝缘电阻不应下降30%，如下降，应查明原因。

(4) 试验过程中，若由于空气温度、湿度或试品表面脏污等造成沿面闪络或空气放电，则不应认为不合格，经查明原因，清洁、干燥处理后，再行试验。排除外界因素影响后如表面出现局部电弧或仍有放电，则可能由于绝缘老化、表面受损等引起，应认为不合格。

(5) 交流耐压试验作为绝缘预防性试验的主要项目，对绝缘状况的判断起着重要作用，它直接检查了绝缘的耐电强度。综合分析交流耐压试验结果和其他预防性试验结果（即将所得试验结果与规程中规定的参考数据进行比较，与被试品本身历次试验结果比较，与同类设备比较）能对被试设备的绝缘状况作准确的判断。

(6) 对充油设备如变压器、互感器、断路器等，除了整体作交流耐压试验外，其中绝缘油还需进行耐压强度试验。

六、思考题

为什么保护球隙的放电电压要调到略高于试品的试验电压？

单元二

过电压防护

课题一　过电压的危害

教学要求

了解过电压的种类、产生及危害。

电力系统中许多设备（例如发电机、变压器、断路器、输电线等）的绝缘在正常运行状态下，只承受电网的额定电压作用。但在运行中由于雷击、操作、故障或参数配合不当等原因，系统中的某些部分的电压可能升高，以致远远超过正常的额定电压，对绝缘产生危险的影响。我们把超过正常运行电压，并可使电力系统或保护设备损坏的电压称为过电压。

一般而言，过电压都是由于系统中的电磁场能量发生变化而引起的。这种变化可能是由于系统外部突然加入一定的能量而引起的，这种由于雷击或雷电感应引起的过电压称为大气过电压。这种变化也可能是由于系统内部的电磁场能量发生交换而引起的，这种由于内部因素引起的过电压称为内部过电压。

不论是大气过电压，还是内部过电压，只要幅值高过一定程度，都是很危险的，均可能使输配电线路及电气设备的绝缘弱点发生击穿或闪络，从而破坏电力系统的正常运行。

大气过电压可分为直击雷过电压、感应雷过电压和反击过电压三种。

直击雷过电压是雷云直接对设备放电，包括雷云绕过避雷针和避雷线对设备直接放电（现场有时称作绕击）所造成的过电压。

感应雷过电压则是雷云对设备周围的其他物体（含过电压保护装置）放电引起的过电压耦合到该设备上所造成的过电压。

反击过电压则是雷云对过电压保护装置放电，在泄放通道的阻抗上的电压降过大，对临近的地电位的弱电设备造成的过电压。这种过电压多由接地不良所引起。当中性点接地系统发生接地故障时也会伴生。

内部过电压又可以分成两大类：一类是由于开关操作或者故障原因使系统运行状态发生变化，引起了系统的电磁场能量发生改变而产生的过电压，称为操作过电压；另一类是由于系统中电感、电容参数在特定的配合下发生谐振而引起的过电压，称为谐振过电压。

操作过电压传统上主要指以下三种：

（1）切空载长线和切并联电容器组；

（2）合空载长线；

（3）切空载变压器、并联电抗器和电动机。

实际上还有三种操作过电压也不可忽视：

(1) 合大型空载变压器；

(2) 投串联电容补偿装置；

(3) 切串联电容补偿装置。

谐振过电压依其参数的特征可分为三种：

(1) 线性谐振过电压，即系统三参数（R、L、C）均在线性状态的谐振过电压。

(2) 铁磁谐振过电压，即电感参数 L 因非线性而致饱和状态，产生的谐振过电压。

(3) 参数谐振过电压，即发电机参数呈周期性变化时的谐振过电压。

不论哪种过电压，它们的作用时间较短（谐振过电压有时较长），而有效值较高，使电力系统的正常运行受到破坏，使设备的绝缘受到威胁。为了保证系统安全、经济地运行，必须研究过电压产生的机理和它发展的物理过程，从而提出限制过电压的措施，以保证电气设备能正常运行和得到可靠保护。

一、大气过电压

（一）直击雷过电压与感应雷过电压的概念

电气设备上的大气过电压，包括两种情况：一种是由于雷电直接对设备放电，在设备上造成的直击雷过电压；另一种是雷电对设备附近的物体或大地放电时，在设备上造成的感应雷过电压。

1. 直击雷过电压

如图 2-1 所示，有一高度为 h 与大地连接的金属导体（如避雷针），当它对大地传导电流时，大地所呈现的电阻为 R_{ch}。下面分析当雷电直接对该避雷针放电时，其顶端的电位 u 与哪些因素有关。

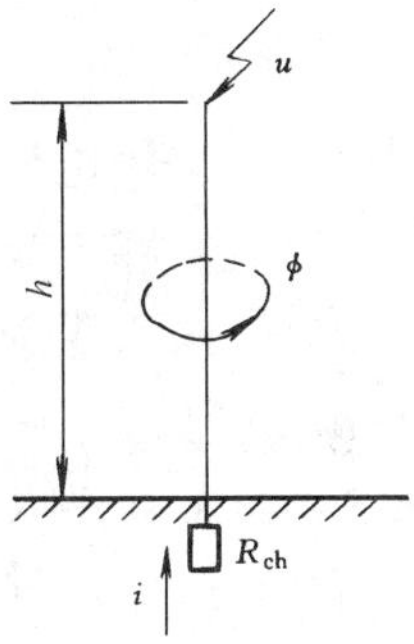

图 2-1 雷直击避雷针

显然，雷电流 i 流过 R_{ch} 的压降为 iR_{ch}。而在雷电流由零上升到最大值的这一部分（即波前部分），由于陡度很大，即单位时间内的电流上升很快，所以在针的周围磁通的变化率大。设避雷针单位长度的电感为 L_0，雷电流的上升速度为 $\frac{di}{dt}$，那么，由于磁场变化所产生的对地电压就为 $L_0h\frac{di}{dt}$，故其顶端的对地电压为

$$u=iR_{ch}+L_0h\frac{di}{dt} \tag{2-1}$$

由式（2-1）可见，直击雷过电压是雷电流在被击物阻抗上的压降。为了决定直击雷过电压，需要知道：①被击物阻抗的性质及参数；②雷电流的幅值、上升的速度或雷电流的波形。

2. 感应雷过电压

现以雷击输电导线附近的地面为例，来说明感应雷过电压产生的物理概念。

当雷击于输电导线附近的地面时，会在输电导线上产生感应雷过电压。这是因为在雷电放电的先导阶段，在先导通道中充满了电荷（例如负电荷），如图 2-2（a）所示，它对导线产生了静电感应，在先导通道附近的导线上积累了异号的束缚电荷（例如正电荷）。因为先导发展速度较慢，所以导线上正电荷集中的过程也很缓慢，其电流可以忽略不计。

当雷击大地时，主放电开始，先导通道中的电荷被自下而上中和，这时导线上的束缚电

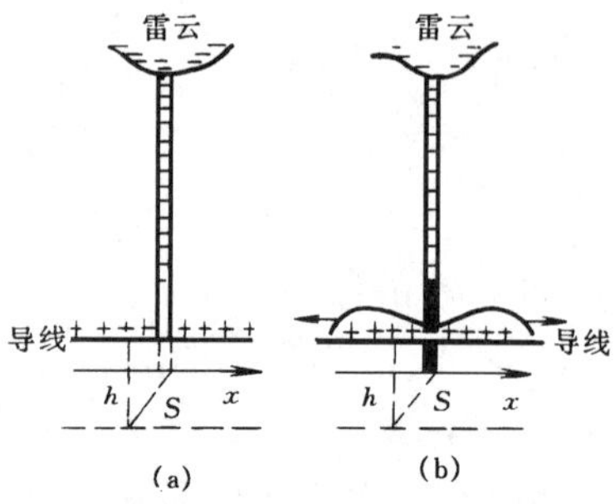

图 2-2 感应雷过电压形成
（a）先导阶段；（b）主放电

荷失去束缚，转变为自由电荷，向导线两侧流动，如图 2-2（b）所示。由于主放电速度很快，所以导线中的电流也很大，感应雷电压波 $u=iZ$ 就会达到很大的数值。

由以上分析可见，感应雷过电压的幅值 U 将与雷电主放电电流的幅值 I 成正比；与雷击地面点距导线的距离 S 成反比。导线的悬挂高度 h 也显然影响到 U 的大小。

根据理论分析与实际测量的结果，当雷击点距离输电导线 $S>65$m 时，导线上的感应雷过电压幅值 U 的计算式为

$$U \approx 25\frac{Ih_p}{S} \text{ (kV)} \tag{2-2}$$

式中 I——雷电流幅值，kA；
S——雷击点距输电导线距离，m；
h_p——输电导线悬挂平均高度，m。

输电导线悬挂平均高度的计算式为

$$h_p = h - \frac{2}{3}f \text{ (m)} \tag{2-3}$$

式中 h——输电导线悬挂的最大高度，即杆塔上悬挂点的对地高度，m；
f——输电导线在档距中央的弧垂，m。

式（2-1）只适用于 $S<65$m 时，距输电导线更近的落雷，事实上将因线路的引雷作用而直击于线路。

（二）雷电参数

为了进行大气过电压的计算和采取合理的防护措施，必须掌握有关雷电的参数。几十年来，人们对雷电进行了大量的观察和测量，积累了不少有关雷电参数的资料。但是，由于在雷云放电中，放电间隙的长度、雷云电位的大小等，都有极大的变化范围，加之气象和地理、地质条件对一些参数也有很大影响。所以雷电参数，是对在雷电观测中所得的各种数据进行概率统计而获得的。

1. 雷电通道波阻抗

主放电时，雷电通道是一个导电体，故可看作和普通导体一样，对电流波呈现一定的阻抗。沿雷电通道运动的电压波 U 与电流波 I 的比值 U/I 叫做雷电通道波阻抗，表示为 Z。

雷电通道波阻抗，是从理论上按照一定的假设，再结合实测的结果，大致推算出来的。在进行防雷计算中可近似地取 $Z=300\sim400\Omega$。

2. 雷电流的波形、幅值和极性

因为大气过电压的数值与雷电流的大小有直接关系，在同样电流下所产生的电压却和许多因素有关，所以在防雷计算时，所用的原始数据并不是雷电压，而是雷电流。

所谓雷电流，一般是指雷直接击于低接地电阻的物体时流过该物体的电流。

（1）波形。主放电时，雷电流为一冲击波，其波形如图 2-3 所示。雷电流的波前部分比较近似于半余弦波，如图 2-4 所示。特别是当设计 40m 以上的高塔时（其 L 值较大），

应采用半余弦波波头。

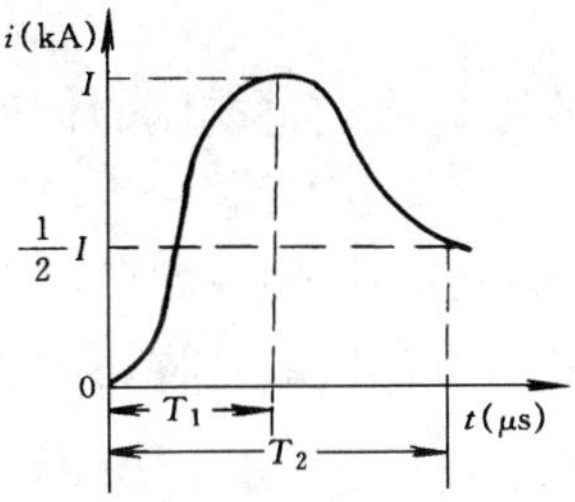

图 2-3 雷电流波形

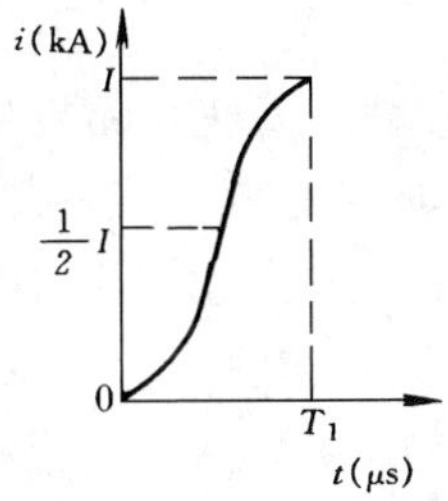

图 2-4 半余弦波雷电流的波前部分

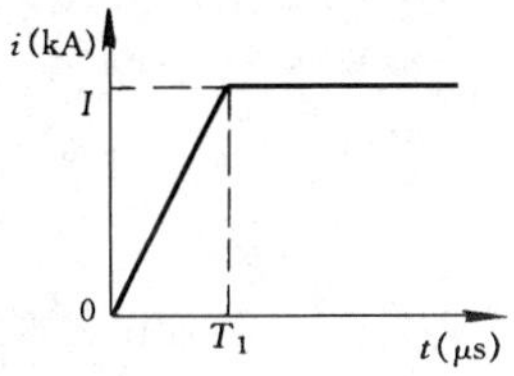

图 2-5 斜角波波形

计算证明，对一般线路杆塔而言，用半余弦波波头计算塔顶电位和用斜角波波头计算结果是很相近的（斜角波波形如图 2-5 所示）。而用斜角波波头计算时，计算过程可以大大简化，所以，对一般线路而言，在计算中，波头的形状可以取为斜角波。

雷电流的波头和波长时间是一个随机变量，实测表明，波头大致在 1～4μs 范围内，波长平均为 40μs 左右。我国在线路防雷计算中，一般取波头 $T=2.6\mu s$。

（2）幅值。雷电流的幅值也是一个随机变量，只有通过大量实测才能正确估计其概率分布规律。图 2-6 所示是我国目前所使用的雷电流幅值概率分布曲线，也可以用下式

$$\lg P=-\frac{I}{108} \tag{2-4}$$

式中 I——雷电流幅值，kA；

P——雷电流超过 I 的概率，%。

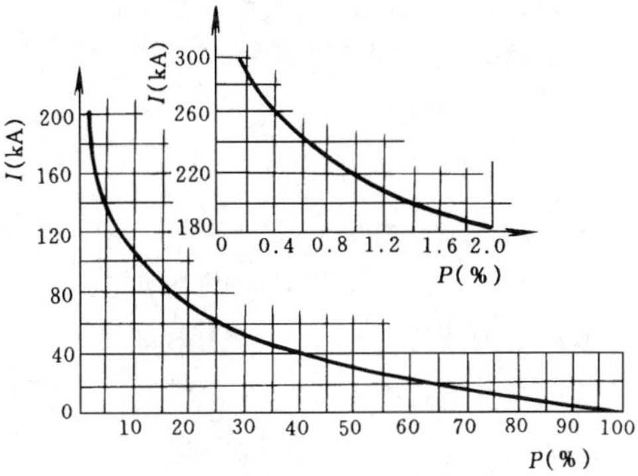

图 2-6 雷电流幅值概率分布曲线

（3）极性。雷电流的极性有负有正，根据国内外实测结果，负极性约占 85%，其余为正极性，个别的雷电流还是振荡的（2%～4%）。由于负极性占大多数，又因负极性雷电波衰减较小，对电气设备的绝缘危害较大，所以防雷计算中雷电流的极性都按负极性考虑。

3. 雷电活动强度

在进行防雷计算和采取防雷措施时，必须从该地区的雷电活动强度的具体情况出发。

某一地区的雷电活动强度，可以用该地区的雷暴日或雷暴小时来表示，所谓雷暴日是每年中有雷电的天数。

一般来说，全年平均雷暴日不超过 15 日的地区称为弱雷区，如西北地区；全年平均雷暴日为 40 日的地区为中雷区，如长江流域和华北某些地区；全年平均雷暴日超过 40 日的为强雷区，如华南某些地区。

（三）雷电的危害

雷击严重损害电气设备，是由于数十乃至一二百千安的雷电冲击电流，具有巨大的电磁效应、机械效应和热效应。因为冲击电流流过被击物体形成幅值很高的冲击电压波，使电气设备绝缘破坏；冲击电流的电动力作用，使被击物体炸裂；冲击电流使导线等金

属物体温度突然升高，以致熔断毁坏。其中又以第一种情况的破坏性最大，也是我们主要关心的问题。

雷击线路可能导致两种破坏性后果：①使线路发生短路接地故障，雷电过电压的作用时间虽然很短（数十微秒），但导线对地（避雷线或杆塔）发生闪络以后，工频电压将沿此闪络通道继续放电，进而发展成为工频电弧接地。此时继电保护装置将会动作使线路断路器跳闸，影响正常送电；②形成雷电波侵入变电站，在变电站内经历复杂的折反射过程，可能使电力设备承受很高的过电压，以致破坏设备绝缘，造成停电事故。

发电厂是电能供应的来源，变电站是电力系统的枢纽，一旦发生雷害事故，将造成大面积停电；而且发电机、变压器等主要电气设备的内绝缘大都没有自恢复性能，万一雷害损坏，修复起来十分困难，势必延长停电时间，严重影响国民经济和人民生活。因此，发电厂和变电站的雷电过电压保护必须十分可靠。

发电厂和变电站的雷害可来自两个方面，一是雷直击于发电厂、变电站，二是雷击输电线路产生的雷电过电压波沿线路侵入发电厂、变电站。

由于雷击线路比较频繁，因此雷电侵入波是造成发电厂、变电站雷害事故的主要原因。侵入变电站的雷电波幅值虽然在一定程度上受到线路绝缘水平的限制，但是因为线路的绝缘水平高于变电站电气设备的绝缘水平，限制侵入波仍是发电厂和变电站防雷的主要工作。

二、内部过电压

（一）操作过电压

操作过电压是内部过电压的一种类型，发生在由于“操作”引起的过渡过程中。所谓“操作”，包括断路器的正常操作，例如分、合闸空载线路或空载变压器、电抗器等；也包括各类故障，例如接地故障、断线故障等。由于“操作”，使系统的运行状态发生突然变化导致系统内部电感元件和电容元件之间电磁能量的互相转换，这个转换常常是强阻尼的、振荡性的过渡过程。因此操作过电压不同于工频电压升高和谐振过电压，它具有幅值高、存在高频振荡、强阻尼以及持续时间短等特点。

由于操作过电压的能量来源于系统本身，所以过电压幅值与系统的额定电压大致存在一定的倍数关系，通常以系统的最高运行相电压幅值 $U_{ph,m}$ 为基值来计算过电压幅值的倍数 K。操作过电压与系统结构、设备特性，特别是断路器的特性有关。在电力设备绝缘设计中，根据 GB/T 50064—2014《交流电气装置的过电压保护和绝缘配合设计规范》对操作过电压倍数作如下规定：

66kV 及以下系统	3.5
110kV 系统	3.0
220kV 系统	3.0
330kV 系统	2.2
500kV 系统	2.0
750kV 系统	1.8

这些数据是参考国内外实测统计并结合我国的运行经验确定的。

由于影响过电压的因素很多，而且一些因素具有随机性，因此过电压的波形参数、幅值均为随机的数值，但由大量的计算或模拟试验、系统的实测可以给出它们位于一定范围内的概率。

由于操作过电压的数值与系统的额定电压有关，所以随着系统额定电压的提高，操作过电压的幅值亦迅速增长。对于220kV及以下系统，通常设备的绝缘结构设计允许承受可能出现的3～4倍的操作过电压，因此不必采取专门的限压措施。然而对于330kV及以上超高压系统，如果仍按3～4倍的操作过电压考虑，势必导致设备绝缘费用的迅速增加；此外，由于外绝缘及空气间隙的操作冲击强度对绝缘距离的“饱和”效应，会使设备的绝缘结构复杂、体积庞大，进一步影响到设备的造价、工程的投资等经济指标。因此，在超高压系统中必须采取措施将操作过电压强迫限制在一定水平以下。目前采取的有效措施主要有：采用重击穿概率极低的断路器，采用带有并联分闸电阻的断路器以及金属氧化物避雷器（MOA）等。随着这些限制措施的采用以及其本身性能的改善，超高压系统中操作过电压倍数有所降低。

（二）谐振过电压

电力系统中包括有许多电感和电容元件，作为电感元件的有电力变压器、互感器、发电机、消弧线圈以及线路导线等的电感；作为电容元件的有线路导线的对地电容和相间电容、补偿用的串联和并联电容器组以及各种高压设备的寄生电容等。在系统进行操作或发生故障时，这些电感和电容元件，可能形成各种不同的振荡回路，在一定的电源作用下，产生谐振现象，引起谐振过电压。

谐振过电压不仅会在进行操作或发生故障的过程中产生，而且可能在过渡过程结束后的较长时间内稳定存在，直到发生新的操作，谐振条件受到破坏为止。谐振过电压的严重性既取决于它的幅值，也取决于它的持续时间。谐振过程不仅会产生过电压危及电气设备的绝缘、产生持续的过电流而烧毁设备，而且还可能影响过电压保护装置的工作条件，如影响阀型避雷器的灭弧条件。

在不同电压等级、不同结构的系统中可以产生不同类型的谐振过电压，通常认为系统中的电阻和电容元件为线性参数，电感元件则一般有三类不同的特性参数。对应三种电感参数，在一定的电容参数和其他条件的配合下，可能产生三种不同性质的谐振现象。

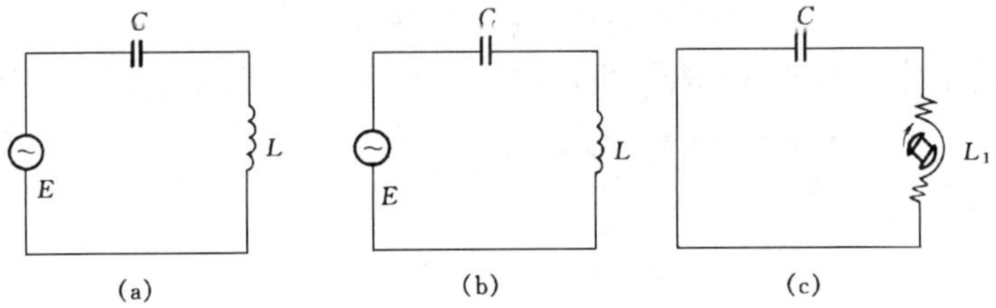

图2-7 谐振电路的三种性质

(a) 线性串联谐振电路；(b) 串联铁磁谐振电路；(c) 参数谐振电路

1. 线性谐振

图2-7（a）为线性串联谐振电路，电路中电感参数为常数，电感值不随元件上的电压或电流的变化而变化。它们与系统中的电容元件形成串联回路，在交流电源的作用下，当系统回路的自振频率等于或接近电源频率时，可能产生强烈的线性谐振现象。

2. 铁磁谐振

图2-7（b）为串联铁磁谐振电路，电路中的电感元件因带有铁心会产生饱和现象，电感参数不再是常数，而是随着电流或磁通的变化而变化。这种含有非线性电感元件的电路，

在满足一定条件时，会产生铁磁谐振。与线性谐振比较，铁磁谐振具有很多特点。

3. 参数谐振

图 2-7（c）为参数谐振电路。系统中某些元件的电感参数在外力的影响下发生周期性变化。当电机接有电容性负荷（如空载线路），参数配合不当时，就可能产生参数谐振现象。参数谐振过电压亦被称作旋转电机的自励磁或自励过电压。

课题二　防　雷　器　具

教学要求

理解防雷器具的基本原理并熟悉其使用方法。

一、避雷针

避雷针、避雷线是保护电气设备免遭直接雷击的有效措施。避雷针一般用于保护发电厂和变电站；避雷线主要用于保护输电线路，也可以用于保护发电厂和变电站。

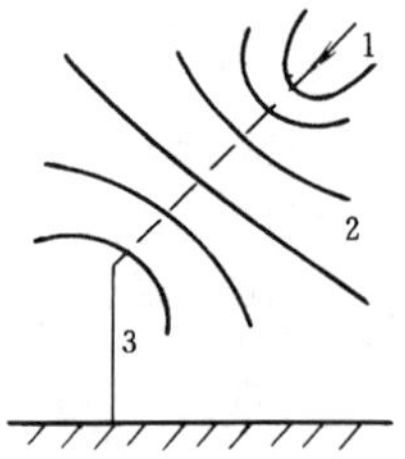

图 2-8　避雷针的保护原理图

1—上部的接闪器；
2—中部的接地引下线；
3—下部的接地体

（一）避雷针的保护原理

图 2-8 所示为一般避雷针的示意图。避雷针包括上部的接闪器（针头）、中部的接地引下线及下部的接地体三部分。

避雷针高出被保护物，其作用是将雷电吸引到避雷针本身上来，并安全地将雷电泄入大地，从而保护了设备。

（二）避雷针的保护范围

如前述，受避雷针保护的空间是有一定范围的，避雷针的保护范围可由模拟实验和运行经验来确定。所谓保护范围，一般是指这样的空间范围：在此空间范围内的被保护物遭受直接雷击的概率仅为 0.1%左右。

避雷针空间的保护范围是一个锥形空间。这个锥形空间的确定是：从针的顶点向下作与针成 45°的斜线，构成锥形保护空间的上部；从距针底沿地面各方向 $1.5h$ 处向针 $0.75h$ 高处作连接线，与上述 45°斜线相交，交点以下的斜线构成了锥形保护空间的下部，如图 2-9 所示。

二、避雷器

避雷器是用来限制过电压、保护电气设备绝缘的电器。通常将它接于导线和地之间，与被保护设备并联，如图 2-10 所示。

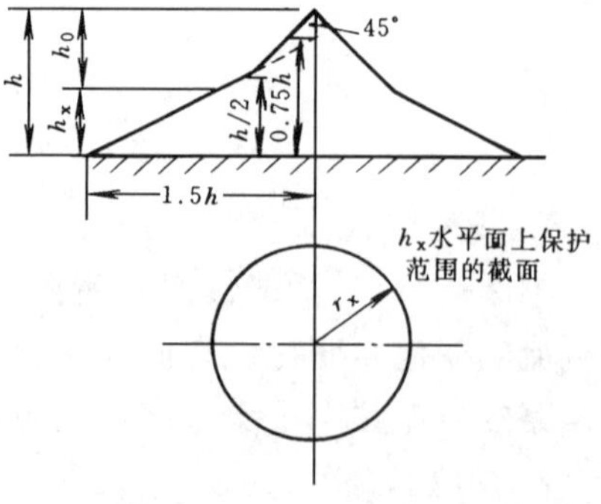

图 2-9　避雷针保护范围

在正常情况下，避雷器中无电流流过。一旦线路上传来危及被保护设备绝缘的过电压波时，避雷器立即动作，使雷电波电荷泄入大地，将过电压限制在一定的水平。当过电压作用过去以后，避雷器又能自动切断工频电压作用下通过避雷器的工频电流——工频续流，使电力系统恢复正常工作。

避雷器的类型主要有保护间隙、管型避雷器、阀型避雷器、氧化锌避雷器等。

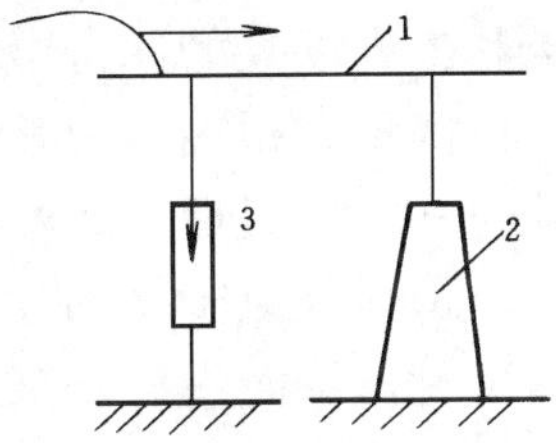

图 2-10　避雷器与被保护设备并联图
1—导线；2—被保护设备；3—避雷器

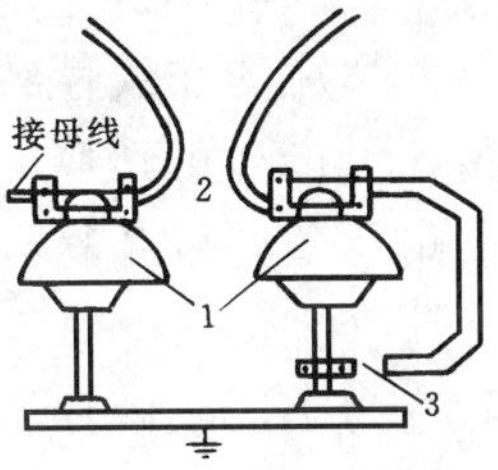

图 2-11　角型保护间隙图
1—支柱绝缘；2—主间隙；3—辅助间隙

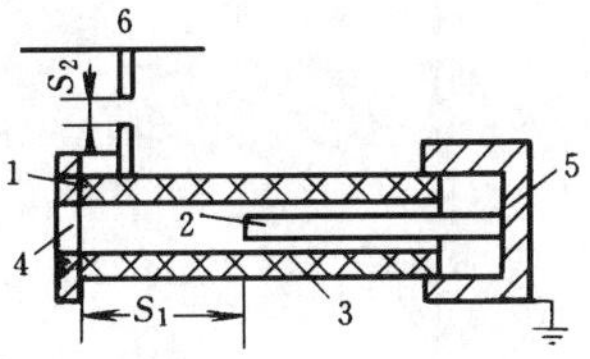

图 2-12　管型避雷器原理结构图
1—环形电极；2—棒电极；3—产气管；4—喷气口；5—金属端盖；6—工作母线；S_1—内间隙；S_2—外间隙

（一）保护间隙

保护间隙由两个电极组成，常用的角型保护间隙如图 2-11 所示。保护间隙与被保护设备并联于线路上，为了使被保护设备得到可靠保护，间隙的伏秒特性上限应低于被保护设备绝缘冲击放电伏秒特性的下限，并有一定的安全裕度。当雷电波侵入时，间隙先击穿，线路接地，避免被保护设备上的电压升高，从而保护了设备。但过电压消失后，间隙中仍有工作电压所产生的工频续流，此续流将是间隙安装处的短路电流。由于间隙的熄弧能力较差，有时不能自动熄弧，故会引起断路器跳闸。这样，虽然保护间隙限制了过电压、保护了设备，但将造成线路跳闸事故，这是保护间隙的主要缺点。为此，可将间隙配合自动重合闸使用。

（二）管型避雷器

管型避雷器实质上是一种具有较高熄弧能力的保护间隙，其原理结构如图 2-12 所示。在正常情况下，避雷器通过内间隙 S_1、外间隙 S_2 使电网与大地隔开。当大气过电压波传来，达到避雷器冲击放电电压时，使内、外间隙击穿，工作母线接地，避免了被保护设备上的电压升高，从而保护了设备绝缘。当过电压消失后，间隙中仍有由工作电压所产生的工频续流。工频续流电弧的高温使产气管内产气材料分解出大量气体，管内压力急剧升高（可达数十以至上百个标准大气压）。气体在高压力作用下由喷气口喷出，形成强烈的“纵吹”作用，从而使电弧在工频续流过零时熄灭，使电网恢复到正常运行状态。

管型避雷器的主要缺点是：伏秒特性较陡且放电分散性较大，而一般变压器或其他电气设备绝缘的冲击放电伏秒特性较平，二者不能很好地配合；管型避雷器动作以后工作母线直接接地形成电压截波，对变压器纵绝缘有损害；此外，管型避雷器放电特性受大气条件影响较大。

（三）阀型避雷器

阀型避雷器在 220kV 及以下系统主要用于限制大气过电压，在超高压系统还可用来限制内部过电压。

阀型避雷器的基本元件为间隙和非线性电阻。间隙由多个统一规格的单个放电间隙串联而成。同样，非线性电阻也是由多个非线性电阻盘串联而成。间隙与非线性电阻（阀片电阻）又相互串联，如图 2-13 所示。阀片的电阻值与流过的电流有关，电流越大，电阻越小；反之，电流越小，电阻越大。这种电阻称为“阀性”电阻。

阀型避雷器的工作原理如下：在电力系统正常工作时，间隙将阀片电阻与工作母线隔

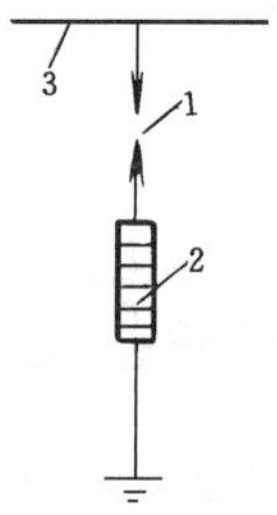

图 2-13 阀型避雷器原理图
1—间隙；
2—阀片电阻；
3—工作母线

离，以免由工作电压在阀片电阻中产生的电流使阀片烧坏。当系统中出现过电压且幅值超过间隙的放电电压时，间隙先击穿，冲击电流通过阀片流入大地，由于阀片的非线性特性，其电阻在流过大的冲击电流时变得很小，故在阀片上产生的压降（称为残压）将不会很高，使其低于被保护设备的冲击耐压值，设备得到保护。当过电压消失后，间隙中由工作电压产生的工频续流仍将继续流过避雷器，此续流由于受阀片电阻的限制远较冲击电流为小。故阀片电阻值变得很大，从而进一步限制了工频续流的数值。使间隙能在工频续流第一次经过零值时就将电弧切断，电网恢复正常运行。

（四）氧化锌避雷器

氧化锌避雷器是一种新型避雷器。这种避雷器的阀片以氧化锌（ZnO）为主要原料，附以少量能产生非线性特性的金属氧化物，经高温焙烧而成。氧化锌阀片具有很理想的伏安特性，其非线性系数很小，一般为 0.01～0.04，当作用在氧化锌阀片上的电压超过某一值（此值称为动作电压）时，阀片将发生“导通”。“导通”后氧化锌阀片上的残压与流过它的电流基本无关，为一定值。在工作电压下，流经氧化锌阀片的电流很小，仅为 1mA，不会使氧化锌阀片烧坏，因此氧化锌避雷器不用串联间隙来隔离工作电压。

由于氧化锌避雷器具有伏安特性优良、无续流、无间隙、体积小、质量轻、通流能力较高等特点，目前正逐步取代有间隙的 SiC 阀型避雷器。

课题三　典型设施的防雷保护

教学要求

了解变电站、配电网、输电线路、电机的防雷保护措施。

一、变电站的防雷保护

变电站是电力系统的中心环节之一，如果发生雷击，将造成大面积的停电事故，严重地影响国民经济和人民生活，因此变电站的防雷保护必须十分可靠。

变电站遭受雷害可能来自两方面：雷直击于变电站；输电线路因雷击而产生的雷电波沿线路向变电站侵入。这两方面的雷害事故都要设法加以防止。

（一）直击雷保护的基本原则

为了防止雷直击于变电站，一般采用避雷针保护。

用避雷针进行直击雷保护时，应使变电站的所有设备都处于保护范围之内。

当雷直击于避雷针时，由于避雷针上的对地电位很高，若避雷针与被保护设备间的绝缘距离不够，就有可能从避雷针至被保护设备间发生放电，这种现象叫逆闪络或反击。发生反击时，仍然有可能将高电位加到被保护设备上，从而造成事故。所以，必须采取措施，防止反击现象的发生。

（二）防止反击的措施

（1）不发生雷电从避雷针向被保护物反击的空气距离 S_K。在一般情况下，S_K 不应小于

5m。为了降低雷击避雷针时感应过电压的影响，在条件许可时，此距离宜适当增加。

（2）避雷针的接地体与被保护物的接地体之间也应保持一定的地中距离 S_d，以免当避雷针上受雷击时在土壤中向被保护物接地体发生闪络。

在一般情况下，S_d 不应小于 3m，如图 2-14 所示。

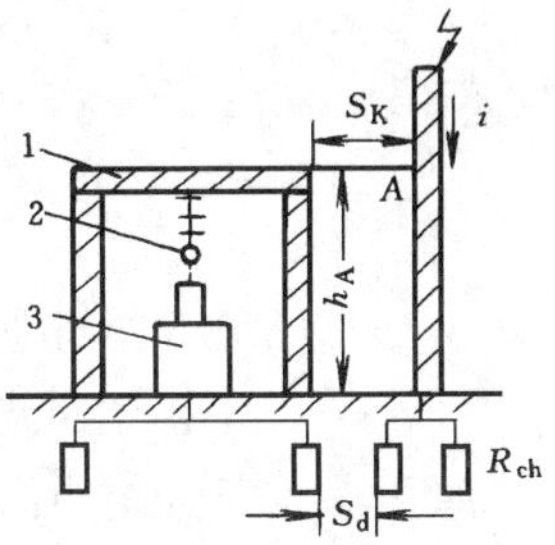

图 2-14　独立避雷针离配电构架距离

1—构架；2—母线；3—变压器

对于 110kV 及以上的变电站，可以将避雷针架设在配电装置的构架上。装设避雷针的配电构架应装设辅助接地装置，此接地装置与变电站接地网的连接点离开主变压器接地装置与变电站接地网的连接点之间的距离不应小于 15m。由于变压器的绝缘较弱，加之变压器又是变电站中最重要的设备，故在变压器门型构架上不应装设避雷针。

对于 35kV 及以下的变电站，因其绝缘水平较低，故不允许在配电构架上装设避雷针，以免出现反击事故，需要装设独立避雷针，并应满足不发生反击的要求。

关于线路终端杆塔上的避雷线能否与变电站的构架相连的问题，也可按上述装设避雷针的原则（即是否会发生反击的原则）来处理。110kV 及以上的变电站允许相连；35kV 及以下的变电站一般不允许相连，若土壤电阻率不大于 500Ω·m 的地区，则可以相连。

（三）变电站内防御侵入波的措施

为了防止沿输电线路侵入的雷电波损坏变电站内的电气设备，应从两方面来采取保护措施：①使用阀型避雷器；②在距离变电站适当范围内装设进线段保护。下面，分别对这两方面的问题进行讨论。

1. 避雷器的保护作用

（1）阀型避雷器与被保护设备的绝缘配合。变电站中的绝缘配合，就是指阀型避雷器的伏秒特性与被保护设备绝缘的伏秒特性相配合，也就是说，变电站中所有电气设备的绝缘都应受到阀型避雷器的保护。

如果避雷器直接连在变压器旁，故变压器上的过电压与避雷器上的相同。若变压器的冲击耐压值大于避雷器的冲击击穿电压或 5kA 以下的残压，则变压器将得到可靠的保护。

（2）阀型避雷器与被保护设备间最大电气距离的确定。如前述，当避雷器与变压器间的电气距离为零时，只要绝缘特性相互配合得当，变压器就得到可靠的保护。

然而，在变电站中有很多电气设备，不可能也没有必要在每一个设备旁边都装一组避雷器，一般只需在靠近变压器的母线上装设一至二组避雷器。这样一来，避雷器离开各电气设备都有一段长度不等的距离，当雷电波侵入时，各设备上的电压将与避雷器上的不相同，究竟二者之间最大电气距离不得超过多少，设备才能受到避雷器的保护，现分析如下：

当避雷器离开变压器一定的电气距离 l 时，雷电波侵入，作用在变压器上的过电压，就会超过避雷器的击穿电压或残压，连线越长，则超过的电压（ΔU）就越高。

在雷电波侵入变电站时，只有变压器上受到的最大冲击电压 U 不大于它的冲击耐压值 U_s 时，变压器绝缘才不会发生击穿事故，否则，可能造成雷害事故。因此，为了保证变压器的安全运行，必须满足 $U \leqslant U_s$。

上面仅仅是从最简单的情况，而且也是比较严格的情况来考虑的。实际上，变压器的电容、变电站引出的连线等因素，可以使变压器上所受的过电压减小一些。例如，当变电站母线上的出线增多时，侵入波电压将降低。为此引入系数 K，即变压器到避雷器的最大允许电气距离 l_m

$$l_m \leqslant \frac{1}{2\alpha}(U_s - U_r)K \tag{2-5}$$

式中 l_m——变压器与避雷器间最大允许电气距离，m；

α——雷电侵入波陡度，kV/m；

U_s——变压器冲击耐压值，kV；

U_r——避雷器 5kA 下的残压，kV；

K——系数（不小于 1）。

在所有电气设备中变压器绝缘的冲击耐压值是最低的，以上分析结果对其他电气设备也是适用的。

2. 变电站的进线段保护

如前所述，要使避雷器能可靠地保护变电站内的电气设备，必须设法使避雷器中流过的雷电流幅值不超过 5kA，而且在被保护设备到避雷器的一定的电气距离 l 内，必须保证雷电侵入波的陡度不得超过一定的允许值。

如果输电线路没有架设避雷线，那么，当雷直击于变电站附近的导线上时，流经避雷器的雷电流幅值显然会超过 5kA，而且陡度也会超过允许值。因此，在这种线路靠近变电站的一段进线上必须架设避雷线。架设避雷线的这段进线称为变电站的进线段保护，其长度一般取为 1～2km。

图 2-15（a）为 35～110kV 未沿全线装设避雷线线路的变电站进线段保护典型接线方式。进线段保护内避雷线的保护角一般不应超过 20°，最大不应超过 30°。另外，进线段保护内线路绝缘应有较高的耐雷水平（不致使线路绝缘发生闪络的最大雷电流叫做线路的耐雷水平），不同电压等级进线段保护的耐雷水平见表 2-1。

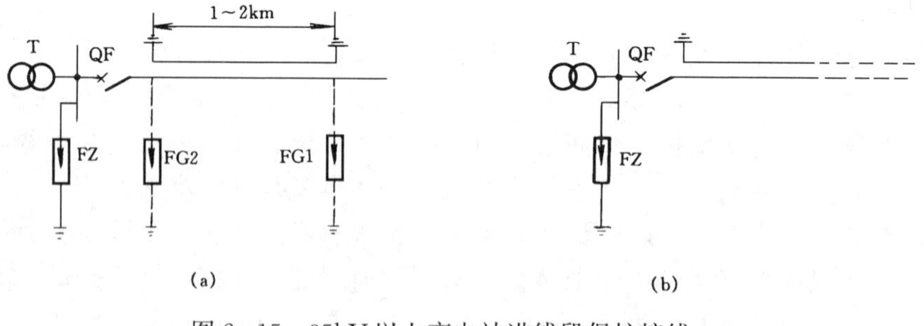

图 2-15 35kV 以上变电站进线段保护接线

（a）未装设避雷线的变电站进线保护接线；（b）全线有避雷线的变电站进线保护接线

表 2-1 不同电压等级进线段保护的耐雷水平

额定电压（kV）	35	60	110	220	330
耐雷水平（kA）	30	60	75	120	140

对于全线有避雷线的线路，变电站附近 1～2km 长的一段线路叫进线段保护，此段线路

的耐雷水平及避雷线的保护角也应符合上述规定。全线有避雷线的变电站进线保护接线如图2-15（b）所示。

在进线保护段内，由于有避雷线，而且其保护角较小，所以在这一段输电导线上发生雷击的可能性很小；又由于这段线路绝缘的耐雷水平较高，加之杆塔的接地电阻要求较小（一般不大于10Ω），所以，当杆塔顶部或避雷线受雷击时，对输电导线因发生反击而造成事故的可能性也很小。这样，侵入变电站的雷电波就主要由进线保护段以外的输电导线上遭受雷击而产生。

当进线保护段以外的输电导线上遭受雷击时，进线段保护的作用就在于可以限制流经避雷器的雷电流幅值和侵入波陡度不超过允许值，从而防止从进线保护段以外输电导线上的侵入波使变电站遭受雷害事故。

在图2-15（a）所示的35～110kV线路进线段保护的典型接线方式中，还用虚线画出了管型避雷器FG1和FG2。对一般线路来说，无需装设FG1。但对冲击绝缘很高的线路（例如木杆线路、钢筋混凝土杆木横担线路或降压运行的线路等），其雷电侵入波的幅值会相应增加。这样，变电站阀型避雷器中的雷电流有可能超过5kA。为此，就需在进线保护段首端装一组管型避雷器FG1，以限制侵入波的幅值。对于管型避雷器FG2，只有在断路器或隔离开关处于开路状态，线路侧又有工频电源时，才需采用。FG2的外间隙整定值应使其在断路器开路时能可靠地动作，以保护断路器或隔离开关；而在断路器闭合时，不应动作，即此时FG2应在变电站阀型避雷器保护范围之内。

二、旋转电机的防雷保护

旋转电机包括发电机、同期调相机、电动机等，大容量的旋转电机是电力系统非常重要的设备，因此，需要特别可靠的防雷保护。

（一）旋转电机的绝缘特点及防雷的基本要求

旋转电机的绝缘由于结构和工作条件方面的原因，具有两个特点：一个特点是它的绝缘水平低。由于它的绝缘物是放在定子铁心的槽中，在制造过程将线圈压入槽内时，绝缘有可能受到损伤，形成弱点；又由于它不能像变压器那样将绕组放在油中，而是只靠固体介质绝缘，且在制造过程中可能含有气泡而易于发生游离；同时也不像变压器绕组那样能采用电容补偿的方法，以使冲击电压的分布均匀些。所以，旋转电机的绝缘比变压器的弱得多，尤其是冲击绝缘水平比同电压级的变压器低得很多。在出厂时，旋转电机的冲击耐压值只有同电压级变压器的1/3左右。

旋转电机绝缘的另一个特点是在运行过程中老化很厉害。这是由于电机的工作条件差所造成的。电机绝缘在运行过程中可能受潮、脏污以及受臭氧等化学物的侵蚀，同时又经常受机械力的作用。电机绝缘（如云母）受破坏的累积效应也比较强，特别在导线出槽口处，由于电场极不均匀，所以每逢过电压作用时，该处绝缘就受一次轻微损伤。这样，运行较久的电机，可能由于累积效应使绝缘存在一些弱点。这时，虽然大部分绝缘的强度还很高，但整个电机的冲击耐压强度要下降很多。

由于旋转电机绝缘的以上特点，使旋转电机的防雷保护比较困难。

由于电机的绝缘水平低，一般不用普通阀型避雷器来保护电机，而是用FCD型磁吹避雷器，并应设法限制流过避雷器的雷电流不超过3kA。

如前述，由于旋转电机绝缘在运行过程中老化很厉害，运行中的电机绝缘预防性试验的交流耐压值为 1.5 倍额定电压（$1.5U_N$）。严格地说，运行中电机绝缘的保险冲击耐压只有 $1.5\times\sqrt{2}U_N$，它已低于相应磁吹避雷器的残压。因此，单靠磁吹避雷器来保护电机是不够可靠的，磁吹避雷器必须与电容器、电抗器、电缆段甚至变压器联合起来，才能可靠地保护电机。

对旋转电机的保护，除考虑主绝缘外，还应同时考虑它的匝间绝缘（指多匝电机）以及中性点绝缘的保护。为保证匝间绝缘的安全，必须将侵入波陡度限制在 5kV/μs 以下；当电机中性点不接地时，为了使中性点电位不致高于相端电位，则来波陡度必须限制在 2kV/μs 以下。

如果旋转电机与架空输电线路不是直接相连，而是中间经过变压器，那么，由于变压器绕组的电感和电容的作用，使侵入电机的雷电波幅值和陡度都大大减低，所以防雷保护的问题不大突出。但是，直接与架空输电线路相连的旋转电机，即直配电机，因线路上的雷电波会直接传入电机，故其防雷保护显得特别突出。考虑到对直配电机的防雷保护还不能达到十分完善的地步，故按有关规定：对单机容量为 60000kW 以上的电机，不应与架空线直接相连。

（二）直配电机防雷保护的接线方式

直配电机的防雷保护接线方式种类很多，不同容量的电机应采用不同的保护接线方式。同时，还要根据当地雷电活动强度、对供电可靠性的要求、电机本身的绝缘状况以及保护设备的具体条件来确定，既要保证必要的安全，又要做到经济合理。

下面仅对大容量直配电机防雷保护的接线方式进行具体讨论。

单机容量为 25000～60000kW 的直配电机的典型防雷保护接线方式如图 2-16 所示。

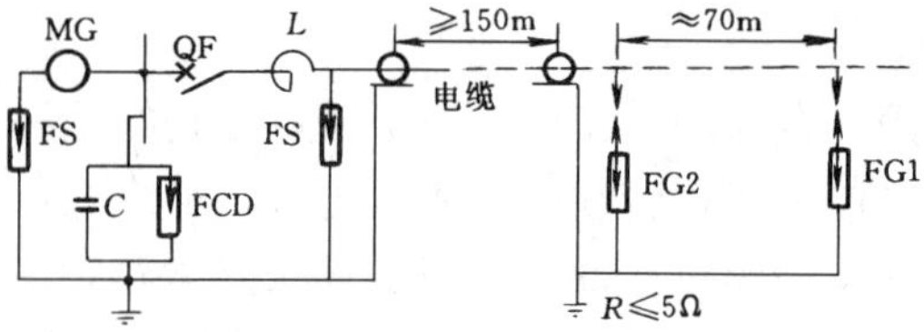

图 2-16 大容量直配电机防雷保护接线

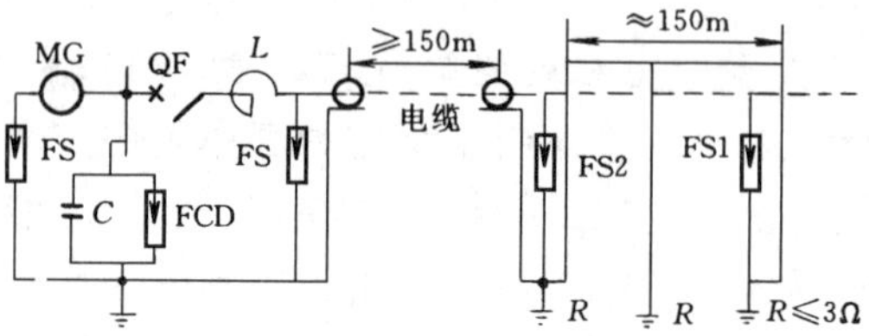

图 2-17 不用管型避雷器大容量直配电机防雷保护接线

这种具有电缆段和管型避雷器的保护接线，主要是利用电缆外皮的分流降压作用。当雷击使架空线首端 FG1 和 FG2 动作时，绝大部分雷电流沿电缆外皮流入大地，并能在电缆线芯中感应出反电动势，这样就能阻碍雷电流沿电缆线芯侵入，从而限制了通过 FCD 避雷器的雷电流。FG1 和 FG2 的接地端，应该用导线连接后悬挂在杆塔导线下面（距离各相导线不应小于 2m），并与电缆首端的金属外皮在装有 FG2 的杆塔处共同接地，其接地电阻不应超过 5Ω。

为了使管型避雷器易于放电，其外间隙不可过大，应调整到在预放电时间为 2μs 时，整个避雷器的冲击放电电压不超过 40kV（对额定电压为 3kV 者）、50kV（对额定电压为 6kV 者）和 60kV（对额定电压为 10kV）。

为了充分利用电缆外皮的分流作用，应将电缆段的全长或一段直接埋入土中。若受条件限制不能直埋时，可以将它的金属外皮多点接地（即除两端接地外，再在中间一段作 3～5 处接地）。

FG1 和 FG2 的距离一般以选择在 70m 左右较为合适。电缆的长度一般应大于 150m。

在电缆和出线断路器 QF 之间，通常有一组限制工频短路电流之用的电抗器，如图 2-16 中的 L，它并非为防雷专设。由于它对雷电波侵入到电机母线具有良好的限制作用，所以必须加以充分利用。但应在电抗器的外侧加装一组 FS 避雷器以保护电抗器的绝缘和电缆终端的绝缘，由于 L 的存在，侵入波到达 L 处将发生反射使电压升高，FS 动作，使流经 FCD 的电流得到进一步限制。

在电机的母线上，除了装设一组保护电机主绝缘专用的 FCD 避雷器之外，还应装设一组并联电容器 C（其电容值一般采用每相 0.25～0.5μF）来保护电机的匝间绝缘和防止感应过电压。为防止三相来波时在电机中性点出现危险的过电压，还应在电机中性点上装一只相当于最高运行相电压的阀型避雷器，以免电机中性点的绝缘受损坏。上述各项过电压保护设备的接地都应连在一起，并接到总接地网上。

如果电缆段首端的短路电流过大，没有适当的管型避雷器可以选用，或者当管型避雷器动作以后，产生的短路电流对电机定子端部线圈的机械强度有可能造成危害时，应分别用 FS1 和 FS2 避雷器来代替 FG1 和 FG2，具体接线如图 2-17 所示。此时，由于 FS 放电后有一定的残压，而不像管型避雷器放电那样，相当于电缆芯和外皮直接短路，这样电缆段的限流作用大为降低。所以，将 FS1 前移到离电缆首端约 150m 处。又由于这段架空线增长，受直击雷的可能性增大，所以，应将这 150m 架空线段用避雷线保护。避雷线的保护角最大不得超过 30°。进线保护段上所装设的 FS 避雷器的接地端，也应与电缆的金属外皮和避雷线连接后共同接地，其接地电阻值不应超过 3Ω。

以上所讨论的即为大容量直配电机防雷保护接线方式，对于经过变压器再与架空输电线路相连的旋转电机，运行经验证明，在一般情况下，不要求对它采取特殊的防雷保护措施，但在强雷区，对特别重要的电机，则宜在其出线上装一组 FCD 避雷器。

另外，若电机与变压器间有长于 50m 的架空母线或软连线时，对此段母线除应对直击雷防护外，还应防止雷击附近产生的感应过电压，此时，应在电机每相出线上加装不小于 0.15μF 的电容器或加装磁吹避雷器。

三、配电网的防雷保护措施

（一）架空配电线路防雷

1. 防止雷直击线路

配电线路绝缘水平低，即使装避雷线也极易反击，防止直击雷的作用不大，所以一般线路都不装避雷线。对个别或局部易受雷击地段的杆塔，可采用独立避雷针保护，或将架空线路改为电缆线路。

2. 减小雷击后冲击闪络的概率

加强线路绝缘是减小冲击闪络，提高耐雷水平的有效措施。

按我国有关规定，3～10kV 钢筋混凝土杆配电线路，一般采用瓷横担。若是铁横担，宜采用高一级绝缘水平的绝缘子。混凝土杆用瓷横担，其冲击绝缘水平可满足需要，但机械强度稍差。瓷横担宜用于以农业供电为主的线路，城镇居民区尽量不用瓷横担。在个别乡镇和林区，因地制宜，也可用木横担提高线路冲击绝缘水平。

对污秽地区，为了防止工频污闪，需增大绝缘子爬距，可将线路绝缘再提高一级，使线路冲击绝缘水平随之提高。

线路绝缘水平的提高，也将明显地减小感应雷过电压造成线路闪络概率。

从限制感应雷过电压考虑，若空旷地区架空配电线路设置接地避雷线，将会收到一定的效果。避雷线的接地电阻不作严格要求，只要取得地电位，能起屏蔽作用就可以。

3. 减小建立相间稳定工频电弧的概率

采用瓷横担、木横担增大绝缘距离，可有效地降低由冲击电弧转变为工频稳定电弧的概率。

采用不平衡绝缘是减小相间闪络的另一有效措施。对三角排列的导线，一般顶相采用弱绝缘，两边相采用强绝缘，并注意杆塔接地。当顶相受雷击闪络接地后，系统仍可继续运行。此时顶相导线起到耦合地线的作用，降低了两边相绝缘上承受的电压，减小相间闪络的概率。

电网中性点经消弧线圈接地，是消除单相接地电弧的有效措施。雷击闪络大多数是从单相发展为相间的。所以，正确整定消弧线圈的运行，可明显减小相间闪络建立工频电弧的概率。

4. 避免中断供电

在各条线路上装设自动重合闸装置是减少供电中断的重要技术措施。对于重要线路，条件许可时，可采用二次自动重合闸。对于多支线配电线路，可在支线上装一次重合保险器，以便缩小故障范围，提高供电可靠性。

采用环网供电或不同杆的双回路供电，是保证不中断供电的另一有效措施。

架空线路交叉处的防雷，也是配电网中需注意的问题。若在不同电压等级架空线交叉处发生闪络，将给较低电压等级的配电线路带来严重危害。为了安全运行，线路交叉档两端杆塔的绝缘应不低于其邻档杆塔绝缘。交叉点尽量靠近上、下方线路杆塔，以减小导线弧垂增大的影响。线路交叉处空气间隙的冲击绝缘强度应不低于两侧杆塔上导线对地绝缘的冲击强度。

交叉档两端的保护措施有：①交叉档两端的钢筋混凝土杆或铁塔（上、下方线路共4基）不论有无避雷线，均应接地；②3kV及以上电力线路交叉档两端为木杆或木横担钢筋混凝土杆且无避雷线时，应装设管型避雷器或保护间隙；③与3kV及以上电力线路交叉的低压线、通信线，交叉档两端为木杆时，应装保护间隙。

以上杆塔、管型避雷器和保护间隙的接地电阻应尽量小，要满足有关规程规定的线路杆塔接地电阻值，接地电阻要在10～30Ω以下。

配电线路的高杆大跨越档，要增强绝缘，装设避雷器或保护间隙，杆塔接地电阻应满足规程要求。新建35kV线路宜在跨越档架设避雷线，采用木杆或木横担的大跨越档，其避雷线两端杆塔应装避雷器或保护间隙。

（二）电力电缆护层过电压及防护

电力电缆的金属护层是应该接地的，一般是两端接地。对于三芯电缆，正常运行时，通过三芯线的三相电流的总和为零，电缆外皮处基本上没有磁场，金属外皮不会有感应电压。所以三芯电缆外皮两端接地处也没有感应电流通过。若采用三根单芯电缆时，芯线通过单相电流，其磁力线匝链金属外皮，如将单芯电缆金属外皮两端接地，则相当于构成一个1∶1的电流互感器，将在外皮中产生很大的感应电流，不仅在金属外皮中产生热能损耗，加速电缆绝缘老化，还会使正常运行时缆芯载流量降低40%左右，这是不允许的。但是，若只将金属外皮一端接地，虽然在正常运行时不产生环流，但当雷电波或操作波沿芯线流动时，电缆外皮不接地端将出现过电压；也会在系统短路，工频短路电流通过芯线时，在不接地端产生较高的工频感应电压；当金属外皮的绝缘护层不能承受这些电压的作用而损坏时，会造成金属外皮的多点接地，同样会在外皮中出现很大的感应电流。为此，采用单芯电缆时，必须限制电缆金属外皮护层的过电压。

最常用的限制护层过电压的方法是金属外皮（铅包）的交叉互连，其原理接线如图 2-18 所示。交叉互连是将电缆外皮的全长三等分（或三等分的整数倍），每段相邻相的金属外皮端点交叉相互连接。正常运行时，三相芯线的电流大小相等，相位互差 120°。三等分互连后，彼此连接的三段金属外皮具有大小相等、相位差 120°的感应电压，三段互连金属外皮总感应电压为零。两端接地，不会在正常运行时形成环流，造成电能损耗。

但交叉互连需将金属外皮中断，若中断处不加保护，当芯线有雷电过电压或操作过电压波流动时，会在护层上出现过电压。

限制护层过电压，可将避雷器接在 A1、A2 之间，三相组成三角形接法。因避雷器接在断连两端，避雷器承受工频电压很低，所选用的阀片数很少，动作时，在冲击电流作用下等值电阻很小，可以认为被绝缘接头隔离的金属外皮通过避雷器接通，芯线冲击电流仍能继续以金属外皮为回路流动，外皮断连处不呈现开路状况，外皮的电位也就被固定了。

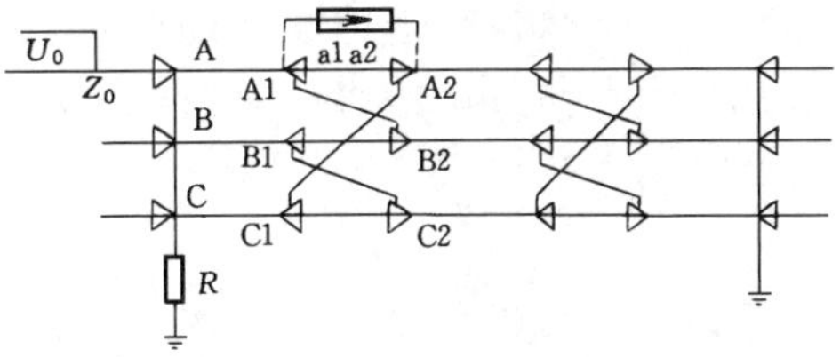

图 2-18 单芯电缆金属外皮交叉互连

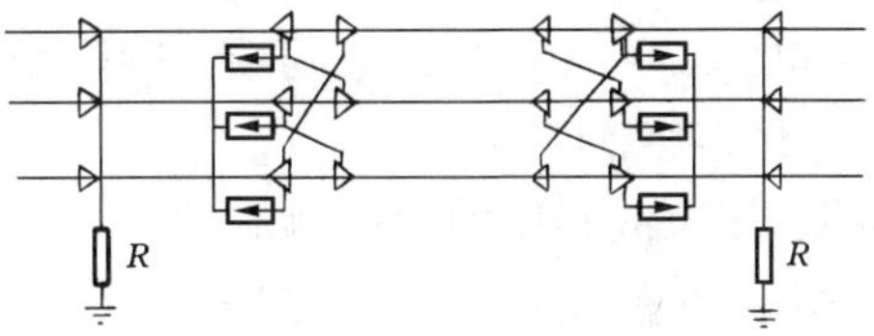

图 2-19 交叉互连保护星形接法

在三角形接线的基础上，还可改进为星形接线，如图 2-19 所示。在这种保护接线中，冲击电压作用在两个避雷器上，所以星形接法的每个避雷器阀片数可比三角形接法减少一半，避雷器的冲击残压大为降低，保护性能更为优越。运行经验表明，保护器的星形接法能保证单芯电缆的安全运行。

（三）配电变压器防雷

我国 3～10kV 配电变压器绝大多数为 Yyn 接线，在遭受雷电波时易损坏。配电变压器高压侧用阀型避雷器保护，避雷器的接地线、变压器低压侧中性点、变压器金属外壳连在一起，形成三点共同接地，如图 2-20 所示。但这种接法，会将变压器接地装置上由雷电流产生的压降，通过低压侧中性线（零线）传递到低压用户中去。因此，必须注意接户线的防雷。

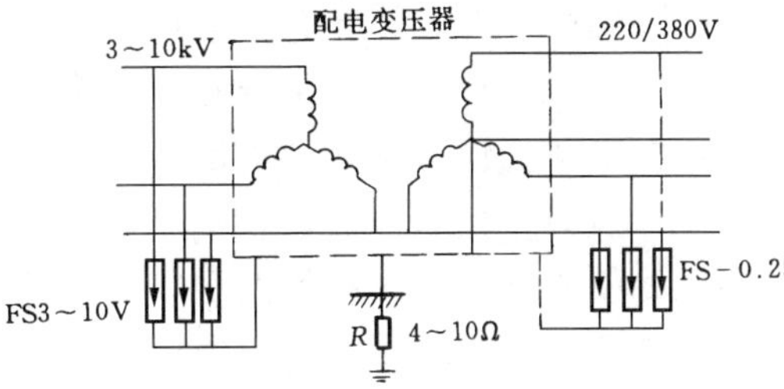

图 2-20 配电变压器防雷接线

在低压侧加装低压避雷器，限制低压绕组两端的过电压值，不仅能保护低压绕组，而且能保护高压绕组。尤其是在多雷区，更应如此，低压侧避雷器的连接方式与高压侧类似，如

图 2-20 中的虚线所示。低压避雷器可采用普通型阀型或氧化锌避雷器。

在年雷暴日超过 90 天的强雷区，配电变压器低压侧避雷器残压不够低，不足以保护高压侧绝缘时，可选用 Yzn11 接线的配电变压器。由于在强雷区，低压侧落雷，仍可能会直接损坏低压绕组绝缘。Z 形接线的配电变压器低压侧仍需装设低压避雷器。

变压器绕组的 Z 形连接，浪费了变压器约 16%的容量，相应地增加了配电网的投资。因此，它不宜在一般地区推广使用。

（四）低压架空接户线防雷

当低压架空接户线遭受直击雷、感应雷或由配电变压器高压侧传递至低压线，以及雷击建筑物反击接户线时，都会使雷电波沿线路进入用户。

低压架空接户线可采用下列防雷措施：

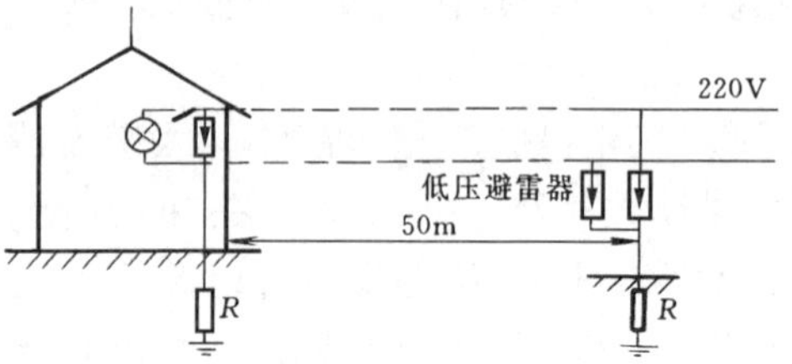

图 2-21　接户线防雷

（1）对重要用户，在低压线进入建筑物前 50m 处安装一组低压避雷器，并设有专用的人工接地装置。进入建筑物后，再装一组低压避雷器，如图 2-21 所示。

（2）将架空接户线的绝缘子铁脚接地并设专用的接地装置。当线路遭受雷击时，导线对绝缘子铁脚形成放电间隙，可限制雷电压幅值。

（3）多雷地区或易击地段，直接与架空线路相连的电能表，应加装放电间隙，间隙距离一般采用 1.5～2mm，或采用真空放电器、小型低压氧化锌避雷器保护。

四、输电线路防雷保护措施

输电线路防雷设计的目的是提高线路的耐雷水平，降低线路的雷击跳闸率。在确定线路防雷方式时，应综合考虑系统的运行方式，线路的电压等级和重要程度、线路经过地区雷电活动的强弱、地形地貌特点、土壤电阻率的高低等自然条件，参考当地原有线路的运行经验，根据技术经济比较的结果，采取合理的保护措施。

（一）架设避雷线

这是高压和超高压线路防雷的基本措施。其作用主要是防止雷直击导线，同时还有分流作用以减小流经杆塔入地的电流，从而降低塔顶电位；通过对导线的耦合作用可以减小线路绝缘承受的电压，对导线还有屏蔽作用，可以降低感应过电压。

110kV 及以上电压等级的线路一般都应全线架设避雷线，35kV 及以下电压等级的线路则一般不在全线架设避雷线。避雷线的保护角大多取 20°～30°。

500kV 及以上的超高压、特高压线路都架设双避雷线，保护角在 15°及以下，国外有许多超高压线路还根据电气几何模型确定保护角，要求绕击闪络区为零。

为了降低正常运行时避雷线中感应电流的附加损耗和利用避雷线兼作高频通道，超高压线路常将避雷线通过一个小间隙接地。正常运行时避雷线对地绝缘，雷击时间隙被击穿，使避雷线接地。

（二）降低杆塔接地电阻

对于一般高度的杆塔，降低杆塔冲击接地电阻是提高线路耐雷水平，降低雷击跳闸率的有效措施。

在土壤电阻率低的地区，应充分利用铁塔、钢筋混凝土杆的自然接地电阻。在高土壤电阻率的地区，用一般方法难以降低接地电阻时，可采用多根放射形接地体，或连续伸长接地体或采用某种有效的降阻剂降低接地电阻值。

（三）架设耦合地线

在降低杆塔接地电阻有困难时，可采用架设耦合地线的措施，即在导线下方加设一条接地线。它具有分流作用，又加强了避雷线与导线间的耦合，可使线路绝缘子的过电压降低。运行经验证明，耦合地线对降低线路的雷击跳闸率效果显著，约可降低50%。

（四）采用消弧线圈接地方式

在雷电活动强烈而接地电阻又难以降低的地区，对于110kV及以下电压等级的电网可考虑采用系统中性点不接地或经消弧线圈接地方式。这样可使绝大多数雷击单相闪络接地故障被消弧线圈消除，不至于发展成为持续工频电弧。而当雷击引起二相或三相闪络故障时，第一相闪络并不会造成跳闸，先闪络的导线相当于一根避雷线，增加了分流和对未闪络相的耦合作用，使未闪络相绝缘上的电压下降，从而提高了线路的耐雷水平。我国的消弧线圈接地方式运行效果很好，雷击跳闸率大约可以降低1/3。

（五）加强绝缘

对于输电线路的个别大跨越、高杆塔地段，落雷机会增多；塔高等值电感大，塔顶电位高，感应过电压也高；绕击的最大雷电流幅值大，绕击率高。这些都增高了线路的雷击跳闸率。为降低跳闸率，可在高杆塔上增加绝缘子串的片数，加大大跨越档导、地线之间的距离，以加强线路绝缘。

（六）采用不平衡绝缘方式

在现代高压及超高压线路中，采用同杆并架双回线路的日益增多。为了降低雷击时双回路同时跳闸的跳闸率，当用通常的防雷措施无法满足要求时，可考虑采用不平衡绝缘方式，也就是使两回线的绝缘子片数有差异。这样，雷击时绝缘子片数少的回路先闪络，闪络后的导线相当于地线，增加了对另一回路导线的耦合作用，使其耐雷水平提高，不再发生闪络，保证线路继续送电。一般认为两回路绝缘水平的差异宜为$\sqrt{3}$倍相电压（峰值），差异过大将使线路的总跳闸率增加。

（七）装设自动重合闸

由于线路绝缘具有自恢复性能，大多数雷击造成的冲击闪络在线路跳闸后能够自行消除，因此安装自动重合闸装置对降低线路的雷击事故率效果较好。据统计，我国110kV及以上的高压线路重合闸成功率达75%～95%，35kV及以下的线路为50%～80%。因此各级电压的线路都应尽量装设自动重合闸装置。

小 结

雷击严重损害电气设备，是由于数十乃至一二百千安的雷电冲击电流，具有巨大的电磁效应、机械效应和热效应。

常用的防雷保护装置有避雷针、避雷线、避雷器和接地装置等。避雷针（线）用以防止雷电直接击中被保护物体，因此也称直击雷保护装置。避雷器用以防止沿输电线路侵入变电站的雷电波毁坏电气设备，所以也叫做侵入波保护装置。

发电厂和变电站的雷害可能来自两个方面，一是雷直击于发电厂、变电站，二是雷击输电线路产生的雷电过电压波沿线路侵入发电厂、变电站。

对直击雷的防护一般采用避雷针或避雷线。对侵入波过电压防护的主要措施是合理确定发电厂、变电站内装设避雷器的类型、参数、数量和位置；同时在线路进线段上采取辅助措施，以限制流过避雷器的雷电流和降低侵入波陡度，使发电厂、变电站电气设备上过电压幅值限制在电气设备的雷电冲击耐受电压以下。对于直接与架空线路相连的发电机（一般称为直配电机），除在电机母线上装设避雷器外，还应装设并联电容器以降低电机绕组侵入波的陡度，以保护电机匝间绝缘和中性点绝缘不受损坏。

习　题

2-1　避雷针上照明灯的电源线为什么要用金属外皮并经深埋入地中以后才允许与低压配电装置相连？

2-2　在哪种情况下，保护变电站免受直击雷的避雷针可以装设在变电站构架上，哪种情况下则又不行？为什么？

2-3　“只要避雷器比变压器更早地遇到雷电侵入波，就可以保证变压器绝缘的安全。”这种说法准确吗？为什么？

人身触电的防护

课题一 安全用电常识

教学要求

了解电流对人体的伤害，熟悉常见的几种触电方式，掌握安全电流、电压的概念。

一、电流对人体的伤害

电流对人体会造成多种伤害，如伤害呼吸、心脏和神经系统，使人体内部组织破坏，乃至最后死亡。当电流流经人体时，人体会产生不同程度的刺痛和麻木，并伴随不自觉的肌肉收缩。触电者会因肌肉收缩而紧握带电体，不能自主摆脱电源。此外，胸肌、膈肌和声门肌的强烈收缩会阻碍呼吸，甚至导致触电者窒息死亡。

人体触及带电体时，电流通过人体，对人体造成伤害，其伤害的形式主要有电击和电伤两种。

（一）电击

1. 电击

当人体直接接触带电体时，电流通过人体内部，对内部组织造成的伤害称为电击。电击是最危险的触电伤害，多数触电死亡事故是由电击造成的。

2. 电击伤害

电击伤害主要是伤害人体的心脏、呼吸和神经系统，因而破坏了人的正常生理活动，甚至危及人的生命。例如，电流通过心脏时，心脏泵室作用失调，引起心室颤动，导致血液循环停止；电流通过大脑的呼吸神经中枢时，会遏止呼吸并导致呼吸停止；电流通过胸部时，胸肌收缩，迫使呼吸停顿，引起窒息，所以电击对人体的伤害属于生理性质的伤害。

3. 几种电击情况

（1）当人体将要触及 1kV 以上的高压电气设备带电体时，高电压能将空气击穿，使其成为导体，这时电流通过人体而造成电击。

（2）低压单相（线）触电、两线触电会造成电击。

（3）接触电压和跨步电压触电会造成电击。

（二）电伤

1. 电伤

电伤是指电流对人体外部（表面）造成的局部创伤。电伤往往在肌体上留下伤痕，严重时，也可导致人的死亡。

2. 电伤分类

电伤可分为灼伤、电烙印、皮肤金属化三类。

（1）灼伤，是指电流热效应产生的电伤。最严重的灼伤是电弧对人体皮肤造成的直接烧伤。例如，当发生带负荷拉、合隔离开关，带地线合隔离开关时，产生的强烈电弧会烧伤皮肤。灼伤的后果是皮肤发红、起泡，组织烧焦并坏死。

（2）电烙印，是指电流化学效应和机械效应产生的电伤。电烙印通常在人体和带电体接触良好的情况下才会发生。其后果是，皮肤表面留下和所接触的带电体形状相似的圆形或椭圆形的肿块痕迹。电烙印有明显的边缘，且颜色是呈灰色或淡黄色，受伤皮肤硬化。

（3）皮肤金属化，是指在电流作用下，产生的高温电弧使电弧周围的金属熔化、蒸发并飞溅渗透到皮肤表层所造成的电伤。其后果是皮肤变得粗糙、硬化，且呈现一定颜色。根据人体表面渗入金属的不同，呈现的颜色也不同，一般渗入铅为灰黄色，渗入紫铜为绿色，渗入黄铜为蓝绿色，金属化的皮肤经过一段时间后会逐渐剥落，不会永久存在而造成终身痛苦。

二、影响电流对人体伤害程度的因素

电流对人体伤害的程度与以下因素有关。

1. 电流大小

通过人体的电流越大，人体的生理反应越明显、感觉越强烈，引起心室颤动或窒息的时间越短，致命的危险性越大，因而伤害也越严重。一般来说，通过人体的交流电（50Hz）超过 10mA（毫安）、直流电超过 50mA 时，触电者自己难以摆脱电源，这时就有生命危险。表 3-1 为工频电流对人体的影响，表 3-2 为通过人体电流大小与人体伤害程度的关系。

从表 3-1、表 3-2 可看出，感知电流一般不会对人体造成伤害，但当电流增大时，感觉增强，反应加大；摆脱电流是人体可以承受的最大电流，因而一般不致造成不良后果。

表 3-1　工频电流对人体的影响

电流范围（mA）	通电时间	人体生理反应
0～0.5	连续通电	没有感觉
0.5～5	连续通电	开始有感觉，手指、手腕等处有痛感，没有痉挛，可以摆脱带电体
5～30	数分钟以内	痉挛，不能摆脱带电体，呼吸困难，血压升高，是可以忍受的极限
30～50	数秒到数分钟	心脏跳动不规则、昏迷、血压升高、强烈痉挛，时间过长即可引起心室颤动
50～数百	短于心脏搏动周期	受强烈冲击，但未发生心室颤动
	长于心脏搏动周期	昏迷、心室颤动，接触部位留有电流通过的痕迹
超过数百	短于心脏搏动周期	发生心室颤动、昏迷，接触部位留有电流通过的痕迹
	长于心脏搏动周期	心脏跳动停止、昏迷，可能致命

表 3-2　通过电流大小与人体伤害程度的关系　(mA)

名　称	定　　义	对成年男性		对成年女性
感知电流	使人体有感觉的最小电流	工频	1.1	0.7
		直流	5.2	3.5
摆脱电流	人体触电后能自主地摆脱电源的最大电流	工频	16	10.5
		直流	76	51
致命电流	在较短时间内危及生命的最小电流	工频	30～50	
		直流	1300 (0.3s)、50 (3s)	

2. 人体电阻

皮肤如同人的绝缘外壳，在触电时起着一定的保护作用。当人体触电时，流过人体的电流与人体的电阻有关，人体电阻越小，通过人体的电流就越大，也就越危险。

人体电阻不是固定不变的，它的数值随着接触电压的升高而下降，见表 3-3；又随条件不同而在很大范围内变动，见表 3-4。皮肤潮湿、多汗、有损伤、带有导电性粉尘，以及电极与皮肤的接触面积加大、接触压力增加等情况下，人体电阻都会降低。不同类型的人，其人体电阻也不同，一般认为人体电阻为 1000～2000Ω（不计皮肤角质层电阻）。

表 3-3　随电压变化的人体电阻

接触电压 (V)	12.5	31.3	62.5	125	220	250	380	500	1000
人体电阻 (Ω)	16500	11000	6240	3530	2222	2000	1417	1130	640

表 3-4　不同条件下的人体电阻

接触电压 (V)	人 体 电 阻 (Ω)			
	皮肤干燥①	皮肤潮湿②	皮肤湿润③	皮肤浸入水中④
10	7000	3500	1200	600
25	5000	2500	1000	500
50	4000	2000	875	440
100	3000	1500	770	375
250	1500	1000	650	325

①干燥场所的皮肤，电流途径为单手至双脚。

②潮湿场所的皮肤，电流途径为单手至双脚。

③有水蒸气，特别潮湿场所的皮肤，电流途径为双手至双脚。

④游泳池或浴池中的情况，基本为体内电阻。

3. 通电时间长短

电流对人体的伤害与电流作用于人体的时间长短有密切关系。通电时间越长，由于人体发热出汗和电流对人体的电解作用，人体电阻逐渐降低，流过人体的电流也就越大，对人体组织的破坏越加厉害，后果也就越严重。通常可用触电电流大小与触电时间的乘积（称为电击能量）来反映触电的危害程度。通电时间越长，电击能量积累增加，越容易引起心室颤动。电击能量超过 50mA·s（毫安·秒）时，人就有生命危险。所以，电流通过人体的持续时间越长，后果也越严重。现用表 3-5 来说明通过人体允许电流与持续时间的关系，从

表 3-5 可看出，通过人体电流的持续时间越长，允许电流越小。

表 3-5 允许电流与持续时间的关系

允许电流（mA）	50	100	200	500	1000
持续时间（s）	5.4	1.35	0.35	0.054	0.0135

在讲解触电急救时，强调救护要争分夺秒，最大限度地缩短电流通过人体的时间，就是基于这个道理。

4. 电流频率

电流频率不同，对人体伤害程度也不同。一般而言，常用的 50～60Hz 的工频交流电对人体的伤害最严重，交流电的频率偏离工频越远，对人体伤害的危险性就越低，即 50～60Hz 的电流最危险；小于或大于 50～60Hz 的电流，危险性降低。在直流和高频情况下，人体可以耐受较大的电流值。不同频率的电流对人体的危害的程度见表 3-6。

表 3-6 不同频率的电流对人体的危害程度

电流频率（Hz）	对人体的危害程度	电流频率（Hz）	对人体的危害程度
10～25	有 50%的死亡率	120	有 31%的死亡率
50	有 95%的死亡率	200	有 22%的死亡率
50～100	有 45%的死亡率	500	有 14%的死亡率

5. 电压高低

一般而言，当人体电阻一定时，人体接触的电压越高，通过人体的电流越大。实际上，通过人体的电流与作用在人体上的电压不成正比，这是因为随着作用于人体的电压的升高，皮肤会破裂，人体电阻急剧下降，电流会迅速增加，当人体接近高电压时，还有感应电流的影响，也是很危险的。

6. 电流途径

电流通过人体的途径不同，对人体的伤害程度也不同，电流通过心脏会引起心室颤动，较大的电流还会使心脏停止跳动，这两者都会因血液循环中断而导致人死亡；电流通过中枢神经系统会引起中枢神经强烈失调而导致死亡。

经研究表明，电流流经人体不同部位所造成的伤害中，以对心脏的伤害最为严重。表 3-7 列举了电流通过人体的途径与流经心脏电流比例数的关系。从表中可以看出：最危险的途径是从手到胸部（心脏）至脚；较危险的途径是从手到手；危险性较小的途径是从脚到脚。

表 3-7 电流通过人体的途径与流经心脏电流比例数的关系

电流通过人体的途径	流经心脏电流与通过人体总电流的比例数（%）
从一只手到另一只手	3.3
从左手到脚	6.7
从右手到脚	3.7
从一只脚到另一只脚	0.4

7. 人体状况

人体本身的状况与触电对人体的伤害程度有着密切关系。

（1）性别。女性对电的敏感性比男性高，女性的感知电流和摆脱电流约比男性低 1/3，因此在同等的触电电流下，女性比男性更难以摆脱。

（2）年龄。在遭受电击后，小孩的伤害程度要比成年人重。

（3）健康状况。患有心脏病、神经系统疾病、肺病等严重疾病或体弱多病者，由于自身抵抗能力较差，故比健康人更易受电伤害。

（4）心理、精神状态。有无思想准备，对电的敏感程度是有差异的，酒醉、疲劳过度、心情欠佳等情况会增加触电伤害程度。

三、安全电流、电压的规范

（一）安全电流

电流对人体有危害，通过人体的电流越大，危害越严重，那么到底流过人体的电流为多大才不至于对人体造成伤害呢？这就要知道安全电流值。

1. 确定安全电流值的依据

（1）一般情况下，可以把摆脱电流看作是人体允许的电流，只要流过人体的电流小于摆脱电流，就不致造成不良后果。即可把摆脱电流认为是安全电流。

（2）以大小不同的电流作用到人体，根据人体表现出的不同特征来确定安全电流。这些特征是通过科学实验和事故分析得出的，见表 3-8。

表 3-8　电流作用下人体表现的特征

电流（mA）	50～60Hz 交流电	直流电
0.6～1.5	手指开始感觉麻刺	无感觉
2～3	手指感觉强烈麻刺	无感觉
5～7	手指感觉肌肉痉挛	感到灼热和刺痛
8～10	手指关节与手掌感觉痛，手已难以脱离电源，但仍能脱离电源	灼热增加
20～25	手指感觉剧痛、迅速麻痹、不能摆脱电源、呼吸困难	灼热更增、手的肌肉开始痉挛
50～80	呼吸麻痹、心室开始震颤	强烈灼痛、手的肌肉痉挛、呼吸困难
90～100	呼吸麻痹，持续 3s 或更长时间后心脏麻痹或心房停止跳动	呼吸麻痹
500 以上	延续 1s 以上有死亡危险	呼吸麻痹、心室震颤、停止跳动

2. 安全电流值

从表 3-8 可以看出，作用于人体的电流，交流为 50～60Hz、10mA，直流为 50mA 时，人手仍能脱离电源，无生命危险，故可把 50～60Hz、10mA 及直流 50mA 确定为人体的安全电流值。当通过人体的电流低于这个数值时，一般人体是不会受到伤害的。但是，如果电流长时间流过人体，再加上别的不利因素，那么人体就可能不安全了。

从表 3-8 也可以看出 100mA（工频）的电流通过人体 3s，就可能使心跳和呼吸停止。在进行电工作业时，人体误触碰运行中带电的电气设备，通过人体的电流会高达人体安全电流值的几百、几千倍。因此，电工人员在操作时，一定要高度警惕，千万不要直接接触带电设备，以防发生触电事故。

（二）安全电压

1. 定义

在各种不同环境条件下，人体接触到有一定电压的带电体后，其各部分组织（如皮肤、心脏、呼吸器官和神经系统等）不发生任何损害，该电压称为安全电压。它是为防止触电事故而采用的由特定电源供电的电压系列，是制定安全措施的依据。

2. 确定安全电压的依据

安全电压是以人体允许通过的电流与人体电阻的乘积来表示的。一般情况下，人体的允许电流可以看成是受电击后能摆脱带电体而解除触电危险的电流。人体电阻随条件不同而在很大范围内变化。人体接触电压时，随着电压的升高，人体电阻会下降；人体接触高压时，皮肤因击穿而破裂，人体电阻也会急剧下降。通常，低于 40V 的对地电压可视为安全电压。国际电工委员会规定接触电压的限定值（相当于安全电压）为 50V，并规定在 25V 以下时，无需考虑防止电击的安全措施。接触电压的限定值 50V 就是根据 30mA 人体允许电流和 1700Ω 人体电阻的条件下确定的，也就是说在正常工作或故障情况下，两导体间或任一导体与地之间的电压均不得超过交流（50～60Hz）有效值 50V。

3. 安全电压等级

根据我国的具体条件和环境，我国规定的安全电压等级是：42、36、24、12、6V 额定值五个等级。当电气设备的额定电压越过 24V 安全电压等级时，应采取对直接接触带电体的保护措施。

4. 安全电压的选用

电气设备的安全电压应根据使用场所、操作人员条件、使用方式、供电方式和线路状况等多种因素进行选用，我国对此还无具体规定，一般可结合实际情况选用。目前我国采用的安全电压以 36V 和 12V 较多。发电厂生产场所及变电站等处使用的行灯电压一般为 36V，在比较危险的地方或工作地点狭窄、周围有大面积接地体、环境湿热场所，如电缆沟、煤斗、油箱等地，所用行灯的电压不准超过 12V，其他情况下的安全电压可参照表 3 - 9 选用。

表 3 - 9　　安全电压的等级及选用举例

安全电压（交流有效值）		选用举例
额定值（V）	空载上限值（V）	
42	50	在有触电危险的场所使用的手持式电动工具等
36	43	在矿井、多导电粉尘等场所使用的行灯等
24 12 6	29 15 8	可供某些人体可能偶然触及带电体的设备选用

最后需要指出的是，不能认为这些电压就是绝对安全的。如果人体在汗湿、皮肤破裂等情况下长时间触及电源，也可能发生电击伤害。电压等级对人体的影响见表 3 - 10。

表 3 - 10　　电压等级对人体的影响

电压（V）	对人体的影响	电压（V）	对人体的影响
20	湿手的安全界限	100～200	危险性急剧增大
30	干燥手的安全界限	200～3000	人生命发生危险
50	人生命无危险的界限	3000 以上	人体被带电体吸引

四、人体触电方式

人体触电的基本方式有单相触电、两相触电、跨步电压触电、接触电压触电。此外，还有人体接近高压触电和雷击触电等。单相与两相触电都是人体与带电体的直接接触触电。

（一）单相触电

1. 定义

单相触电是指人体站在地面或其他接地体上，人体的某一部位触及一相带电体所引起的触电。单相触电的危险程度与电压的高低、电网的中性点是否接地、每相对地电容量的大小有关。单相触电是较常见的一种触电事故。

2. 中性点接地对触电程度的影响

中性点接地系统里的单相触电比中性点不接地系统的危险性大。

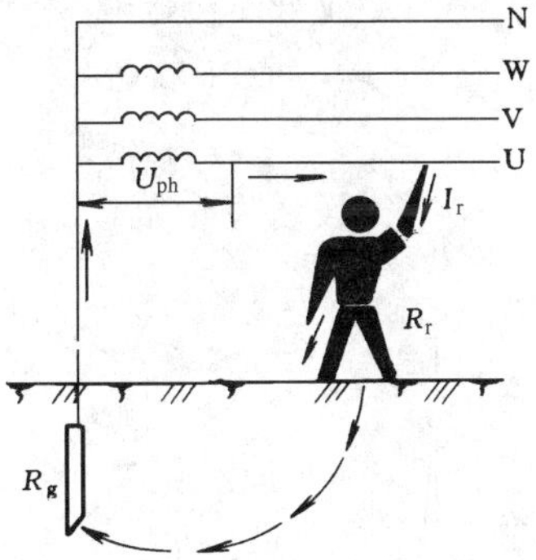

图 3-1　中性点接地的单相触电

（1）在中性点接地时，如图 3-1 所示，当人体触及 U 相导线时，电流将通过人体、大地、接地装置回到中性点，此时通过人体的电流为

$$I_r=\frac{U_{ph}}{R_g+R_r}\approx\frac{U_{ph}}{R_r}(R_r\gg R_g) \tag{3-1}$$

式中　U_{ph}——相电压，V；

R_g——电网中性点接地电阻，Ω；

R_r——人体电阻，Ω。

一般 R_g 只有几欧，比 R_r 要小得多，故相电压几乎全部加在触电人体上，对人体造成严重后果。

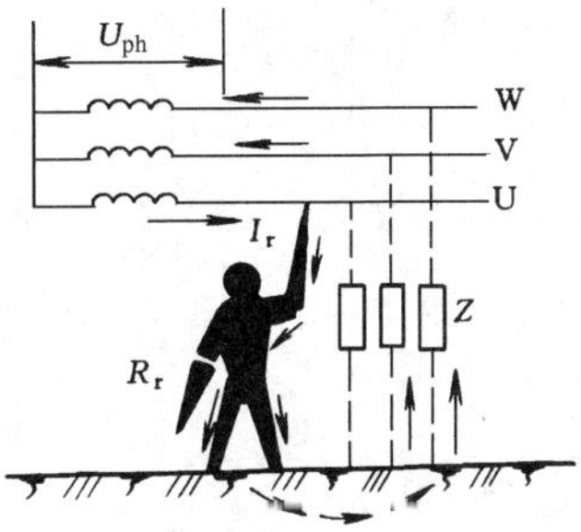

图 3-2　中性点不接地的单相触电

在日常工作和生活中，低压用电设备的开关、插销和灯头以及电动机、电熨斗、洗衣机等家用电器，如果其绝缘损坏，带电部分裸露而使外壳、外皮带电，当人体碰触这些设备时，就会发生单相触电。如果此时人体站在绝缘板上或穿绝缘鞋，人体与大地间的电阻就会很大，通过人体的电流将很小，这时不会发生触电危险。

（2）在中性点不接地（对地绝缘）时，如图 3-2 所示，此时，电流经过人体与其他两相的对地绝缘阻抗 Z 形成回路，通过人体的电流大小决定于电网电压、人体电阻和导线的对地绝缘阻抗。如果线路的绝缘水平比较高，绝缘阻抗非常大，当人体触电以后，通过人体的电流就比较小，从而降低了人体触电后的危险性。但若线路的绝缘不良，则触电后的危险性就较大了。

（二）两相触电

两相触电是指人体有两处同时接触带电的任何两相电源时的触电。这时，无论电网的中性点是否接地、人体与地是否绝缘，人体都会触电。两相触电情况如图 3-3 所示，在这种情况下，电流由一相导线通过人体流至另一相导线，人体将两相导线短接，因而处于全部线电压的作用之下，通过人体的电流为

图 3-3　两相触电示意图

$$I_r=\frac{U}{R_r} \tag{3-2}$$

式中 U——线电压，V。

发生两相触电时，若线电压为 380V，则流过人体的电流高达 268mA，这样大的电流只要经过 0.186s 就可能致触电者死亡，故两相触电比单相触电更危险。根据经验，工作人员同时用两手或身体接触两根带电导线的机会很少，所以两相触电事故比单相触电事故少得多。

（三）跨步电压触电

1. 跨步电压的含义

当电气设备发生接地故障（绝缘损坏）或线路发生一相带电导线断线落在地面时，故障电流（接地电流）就会从接地体或导线落地点向大地流散，形成如图 3-4 所示的对地电位分布。由图看出，与电流入地点的距离越小，电位越高；与电流入地点的距离越大，电位越低；在远离入地点 20m 以外处，电位近似为零。如果有人进入 20m 以内区域行走，其两脚之间（人的跨步一般按 0.8m 考虑）的电位差就是跨步电压，如图 3-5 所示。由跨步电压引起的触电，称为跨步电压触电。如高压架空导线断线或支持绝缘子绝缘损坏而发生对地击穿时，在导线落地点或绝缘对地击穿点处的地面电位异常升高，在此附近行走或工作的人员，就会发生跨步电压触电。

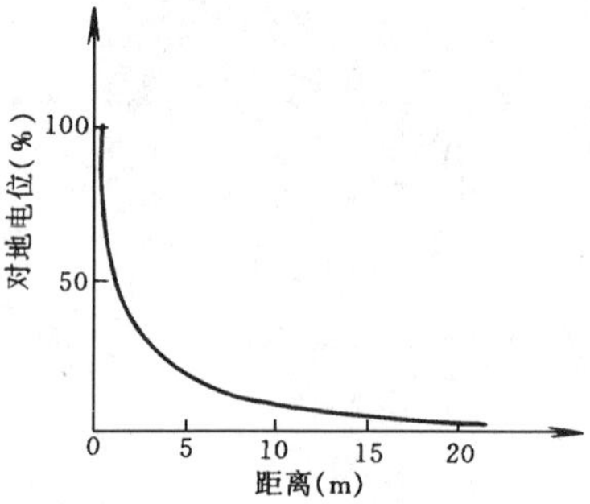

图 3-4 对地电位分布

图 3-5 跨步电压示意图

（a）示意；（b）跨步电压 U

2. 触电后果

人体承受跨步电压时，电流一般是沿着人的下身，即从脚到腿到胯部到脚流过，与大地形成通路，电流很少通过人的心脏等重要器官，看起来似乎危害不大，但是，跨步电压较高时，人就会因双脚抽筋而倒在地上，这不但会使作用于身体上的电压增加，还有可能改变电流通过人体的路径而经过人体重要器官，因而大大增加了触电的危险性。经验证明，人倒地后即使电压持续作用 2s，也会发生致命的危险。

3. 注意事项

（1）电业工人（尤其是线路巡线工）在平时工作或行走时，一定要格外小心。当发现设备出现接地故障或导线断线落地时，要远离断线落地区，如图 3-6 所示。

（2）一旦不小心已步入断线落地区且感觉到跨步电压时，应赶快把双脚并在一起或用一条腿跳着离开断线落地区，如图 3-7 所示。

图 3-6　远离断线落地区

图 3-7　一条腿跳着离开断线落地区

(3) 当必须进入断线落地区救人或排除故障时，应穿绝缘靴（鞋），如图 3-8 所示。

（四）接触电压触电

1. 接触电压的含义

接触电压是指人站在发生接地短路故障设备的旁边，触及漏电设备的外壳时，其手、脚之间所承受的电压。由接触电压引起的触电称为接触电压触电。

在发电厂和变电站中，一般电气设备的外壳和机座都是接地的，正常时，这些设备的外壳和机座都不带电。但当设备发生绝缘击穿、接地部分破坏，设备与大地之间产生电位差(即对地电压）时，人体若接触这些设备，其手脚之间便会承受接触电压而触电。

2. 接触电压的大小

接触电压 U_c 的大小随人体站立点的位置而异。当人体距离接地体越远时，接触电压越大；当人体站在距接地体 20m 以外处与带电设备外壳接触时，接触电压 U_{c3} 达到最大值，等于带电设备外壳的对地电压 U_d；当人体站在接地体附近与设备外壳接触时，接触电压近于零，如图 3-9 所示。在图中，当一台电动机的绕组碰壳接地时，因为三台电动机的接地线是连在一起的，所以三台电动机的外壳都会带电，而且电位相同，都是相电压，但地面电位分布却不同，因此左边的人所承受的接触电压等于电动机外壳（人手）的电位与该处地面电位（人脚）之差，其数值近于零；右边的人承受的接触电压就是电动机外壳的对地电压，即相电压。但是往往由于人穿鞋（靴）及地板能减小接触电压，故人体受到的实际接触电压要小于带电设备的对地电压。

在电力各企业和家庭中，人接触漏电设备的外壳而触电是常有的现象，严禁裸臂赤脚去操作电气设备就是基于这个道理。

由接触电压造成的触电事故还多发生在中性点不接地的 3～10kV 系统中，当电气设备绝缘击穿，系统中又没有接地保护装置，故障设备不能迅速切除，值班人员需较长时间才能将故障设备查出时，在查找故障期间，工作人员一旦接触到与故障设备处于同一接地网的任一设备外壳时就会触电。为防止接触电压触电，往往要把一个车间、一个变电站的所有设备均单独埋设接地体，对每台电动机采用单独的保护接地。

图 3-8 穿绝缘靴（鞋）进入断线落地区救人

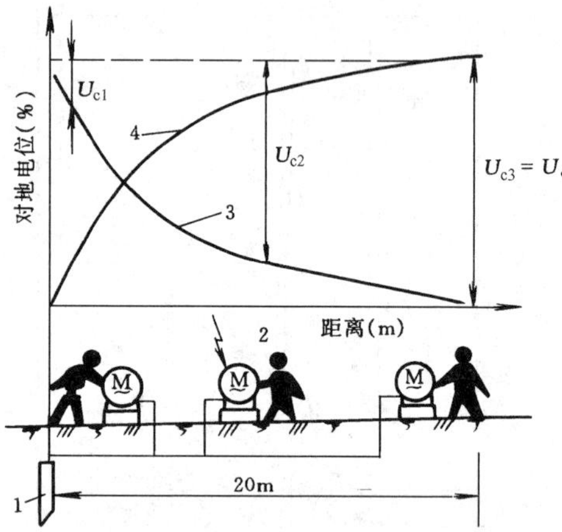

图 3-9 接触电压触电示意图

1—接地体；2—漏电设备；3—设备出现接地故障时，接地体附近各点电位分布曲线；4—人体距接地体位置不同时，接触电压变化曲线

课题二 防止人身触电的技术措施

教学要求

掌握保护接地、保护接零的概念，了解接地装置的组成及接地电阻的测量方法，掌握漏电保护器的应用。

当电气设备的金属外壳因绝缘损坏而带电时，并无带电象征，人们不会对触电危险有什么预感，这时往往容易发生触电事故。但是只要掌握了电的规律并采取相应措施，很多触电事故还是可以避免的。

人身触电事故的发生一般有下列两种情况：一是人体直接触及或靠近电气设备的带电部分；二是人体触碰平时不带电但因绝缘损坏而带电的金属外壳或金属构架。为防止人身触电事故，除思想上重视和认真执行《电业安全工作规程》之外，还应该采取必要的技术措施，下面介绍几种常用的基本措施。

一、接地装置及接地电阻的测量方法

1. 接地装置

（1）接地。把电气设备的某一金属部分通过导体与土壤间作良好的电气连接称为接地。

（2）接地体。与土壤直接接触的金属导体或金属导体组称为接地体（或接地极）。

（3）接地线。连接于接地体与电气设备之间的金属导体称为接地线。接地线和接地体合称为接地装置，如图 3-10（a）所示。

2. 电气“地”和对地电压

（1）电气“地”。当电气设备发生接地短路时，在距单根接地体或接地短路点 20m 以外的地方，电位已近于零，电位等于零的地方即称为电气“地”，如图 3-10（b）所示。

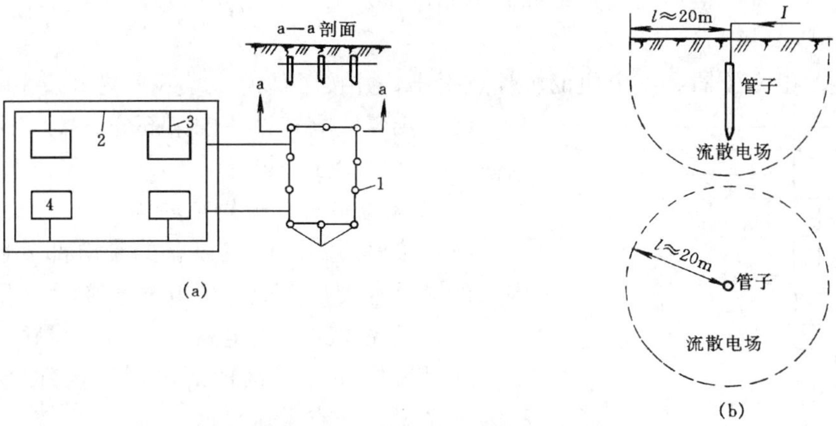

图 3-10 接地装置及“地”的示意图

(a) 接地装置示意图；(b) 电气“地”示意图

1—接地体；2—接地干线；3—接地支线；4—电气设备

(2) 对地电压。电气设备的接地部分（如接地外壳和接地体等），与零电位“地”之间的电位差，称为接地时的对地电压。

3. 接地电阻

(1) 接地体的流散电阻。接地电流自接地体向周围大地流散时所遇到的全部电阻称为流散电阻。

(2) 接地电阻。接地体的本身电阻及流散电阻和接地线的电阻之和称为接地电阻。

(3) 接地电阻测量。普遍应用的测量方法有接地电阻测量仪和伏安法。

接地电阻测量仪按测量原理可分为电桥型、流比计型和电位计型，由于它们有自备电源，携带方便，并配有接地线和接地棒，可简化测量工作，多为工矿企业采用。

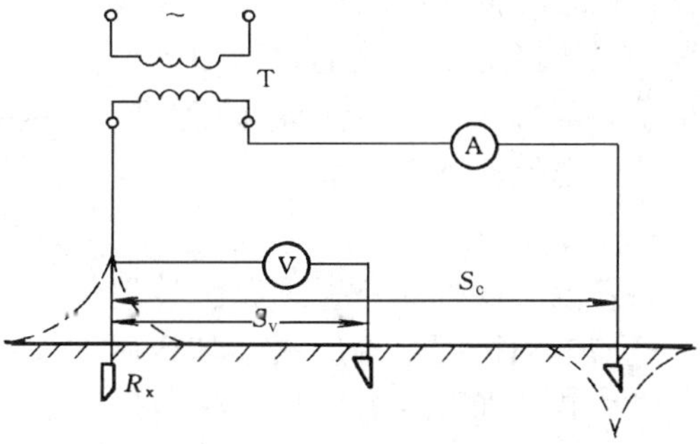

图 3-11 伏安法测量接地电阻

伏安法测量接地电阻的接线如图 3-11 所示。

图中 T 是测量用电源变压器，R_x 表示被测接地装置，S_v 和 S_c 分别为电压极和电流极与 R_x 的距离。接通电源后，电流沿 R_x 和电流极成回路。如果 S_v 和 S_c 都足够大，使 R_x 和电流极的对地电位互不影响，并使电压极处于零电位处，则可根据电压表和电流表读数求得接地电阻。R_x 为两表读数的比值。

为了测量工作的安全和消除电网可能给测量带来的影响，测量用电源变压器应用双线圈变压器，使测量回路和电网隔离。为了使测量结果更接近实际运行状态，测量时的接地电流应保持在实际接地电流的 20%以上。测量时应尽量减小电流，以满足测量电流的需要和使电压表有较高的示值。

伏安法测量准确度较高。测量范围可为 0.1～100Ω，缺点是需用专用交流电源和敷设接地极，准备工作量较大。

伏安法测量过程中接地极附近地面有分布电位，应注意防止跨步电压触电。

4. 零线和接零

（1）零线。由变压器和发电机的中性点引出，并接了地的中性线称为零线。

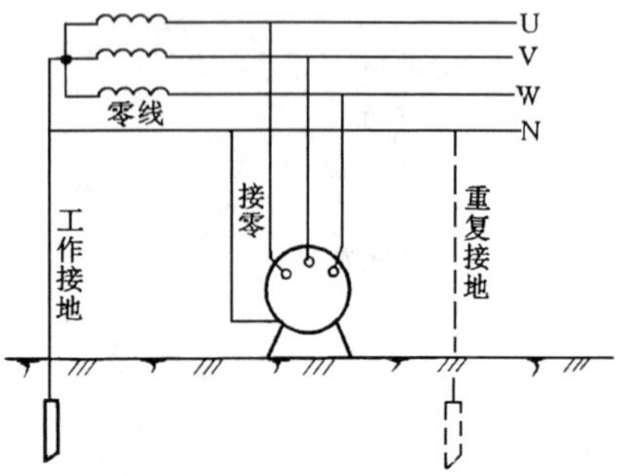

图 3-12　零线和接零示意图

（2）接零。电气设备的某部分直接与零线相连接，叫做接零，如图 3-12 所示。

5. 接地短路和接地短路电流

（1）接地短路。电气设备的带电部分偶尔与金属构架连接或直接与大地发生电气连接，称为接地短路。

（2）碰壳短路。当电机、电器或线路的带电部分由于绝缘损坏而与其接地的金属结构部分发生连接，称为碰壳短路（或碰壳）。

（3）接地短路电流。当发生接地短路或碰壳短路时，经接地短路点流入地中的电流，称为接地短路电流（或接地电流）。

二、保护接地

1. 保护接地的含义和适应范围

（1）含义。为防止人身因电气设备绝缘而遭受触电，将电气设备的金属外壳与接地体连接，称为保护接地。

（2）适用范围。保护接地适用于中性点不接地的低压电网中。在中性点直接接地的低压电网中，电气设备不采用保护接地是危险的。采用了保护接地，仅能减轻触电的危险程度，但不能完全保证人身安全。

2. 保护接地的作用

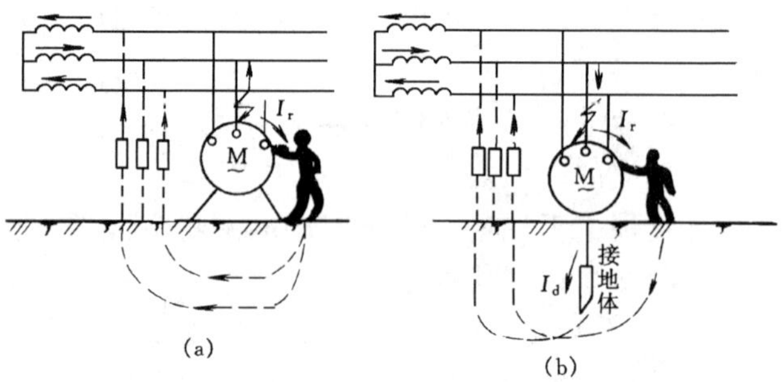

图 3-13　中性点不接地系统的保护接地原理
（a）无保护接地时；（b）有保护接地时

（1）电气设备的外壳无保护接地时，例如电动机因某种原因，其金属外壳带电并长期存在着电压，该电压数值接近于相电压，当人体触及电动机的外壳时，就要发生单相触电事故，如图 3-13（a）所示。

（2）如图 3-13（b）所示，当电动机装设了保护接地时，如果电动机外壳带电，则接地短路电流将同时沿着接地体和人体与电网对地绝缘阻抗 Z 形成两条通路，流过每一条通路的电流值将与其电阻大小成反比，即

$$\frac{I_r}{I_d}=\frac{R_d}{R_r}(R_d \ll R_r) \qquad (3-3)$$

式中　I_r——流过人体的电流；

I_d——流经接地体的电流；

R_d——接地体的接地电阻；

R_r——人体的电阻。

由式（3-3）可以看出，接地体的接地电阻 R_d 越小，流经人体的电流也就越小，只要

把 R_d 限制在适当的范围内（小于 4Ω），就可减小人体的触电危险，起到保护人身安全的作用。

三、保护接零

1. 保护接零的含义和适用范围

（1）含义。为防止人身因电气设备绝缘损坏而遭受触电，将电气设备的金属外壳与电网的零线（变压器中性线）相连接，称为保护接零。

（2）适用范围。适用于三相四线制中性线直接接地的低压电力系统中。当采用保护接零时，除电源变压器的中性点必须采取工作接地外，零线要在规定的地点采取重复接地。

2. 保护原理

（1）未采取接零措施。在电源中性点已接地的三相四线制中，若电气设备或装置的外壳未采取接零措施，则设备发生绝缘击穿，外壳带电时，如图 3-14（a）所示，尽管中性点接地良好，工作人员仍有触电危险。这是因为设备与地、零线之间没有金属连接，设备外壳上将带有电压。当人体触及设备外壳时，流过人体的电流为

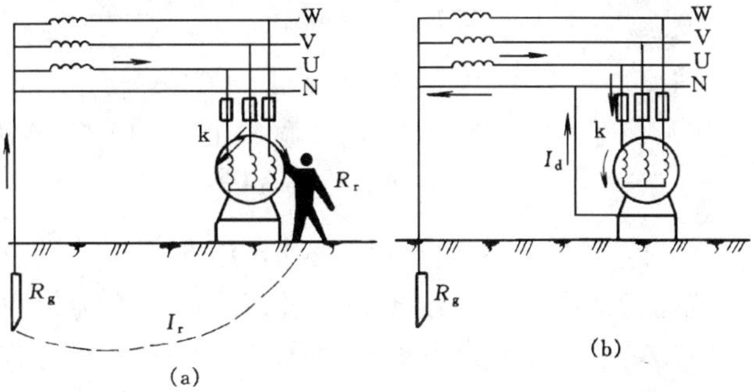

图 3-14　接零保护原理示意图

（a）未采用接零措施；（b）已采用接零措施

$$I_r = \frac{U_{ph}}{R_g + R_r} (R_g \ll R_r) \tag{3-4}$$

式中　U_{ph}——相电压；

R_g——中性点接地电阻；

R_r——人体电阻。

若人体电阻 R_r 以 1000Ω 计，R_g 甚小略去不计，则当 U_{ph} 为 220V 时，流过人体电流为

$$I_r \approx \frac{220}{1000} \approx 0.22(\text{A})$$

这个数值显然已大大超过人体所能承受的最大电流值。

（2）已采用接零措施。如图 3-14（b）所示，此时 U 相（k 点）绝缘损坏，导致相线碰到外壳，接地短路电流 I_d 将通过该相和零线构成回路。由于零线阻抗很小，所以单相短路电流很大，可大大超过低压断路器或继电保护装置的整定值，或超过熔断器额定电流的几至几十倍，从而使线路上的保护装置迅速动作，切断电源，使设备外壳不再带电，消除了人体触电的危险，起到保护作用。

3. 对接零装置的要求

（1）零线上不能装熔断器和断路器，以防止零线回路断开时，零线出现相电压而引起触电事故。

（2）在同一低压电网中（指同一台变压器或同一台发电机供电的低压电网），不允许将一部分电气设备采用保护接地，而另一部分电气设备采用保护接零，否则接地设备发生碰壳故障时，零线电位升高，接触电压可达到相电压的数值，这就增大了触电的危险性。

(3) 在接三眼插座时，不准将插座上接电源零线的孔同接地线的孔串接，如图 3-15 (a) 所示，否则零线松掉或折断，就会使设备金属外壳带电；若零线和相线接反，也会使外壳带电，如图 3-15 (b) 所示；正确的接法是接电源零线的孔同接地的孔分别用导线接到零线上，如图 3-15 (c) 所示。

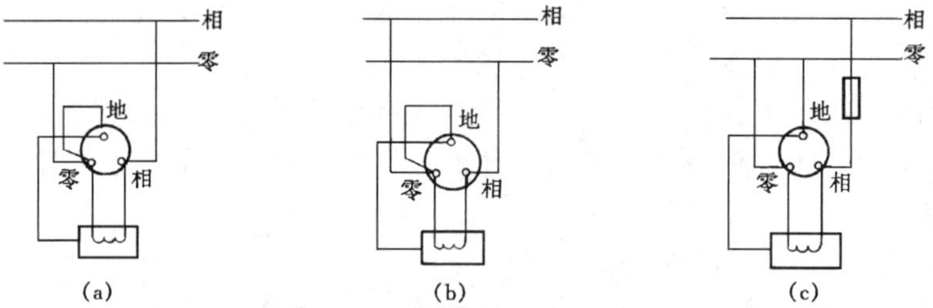

图 3-15 三眼插座接法示意图

(a) 零线与地线串联；(b) 零线与相线接反；(c) 正确接法

(4) 除中性点必须良好接地外，还必须将零线重复接地，如图 3-16 所示。所谓重复接地，就是指零线的一处或多处通过接地体与大地再次连接。重复接地可降低漏电设备外壳的对地电压，减小零线断线时的触电危险，缩短碰壳或接地短路持续的时间。

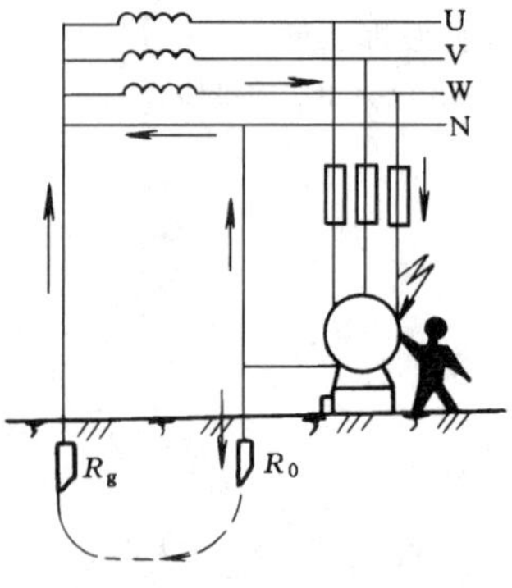

图 3-16 重复接地示意图

四、工作接地

1. 工作接地的含义

将电力系统中的某一点（通常是中性点）直接或经特殊设备（如消弧线圈、电抗、电阻等）与地作金属连接，称为工作接地。

2. 工作接地的作用

(1) 降低人体的接触电压。在中性点绝缘系统中，当发生一相碰地而人体又触及另一相时，人体所受到的接触电压将达到$\sqrt{3}U_{ph}$，如图 3-17 (a) 所示。在中性点接地时，情况就不同了，因中性点的接地电阻 R_g 很小（或近于零），与地间的电位差亦近于零。当发生一相碰地而人体触及另一相时，人体所受到的接触电压将不再是$\sqrt{3}U_{ph}$，而是接近或等于 U_x，如图 3-17 (b) 所示。

(2) 迅速切断电源。在中性点绝缘系统中，当一相碰地时，由于接地电流很小，故保护设备不能迅速动作切断电源，因此接地故障将长时间持续下去，这对人身是很不安全的；在中性点接地系统中，情况就不同了，当一相碰地时，接地电流成为很大的单相短路电流，它能使保护装置迅速动作而切断电源，从而保证人体免于触电。

(3) 降低电气设备和输电线路的绝缘水平。这样可降低电气设备的制造成本和输电线路的建设费用，从而大大节省投资。

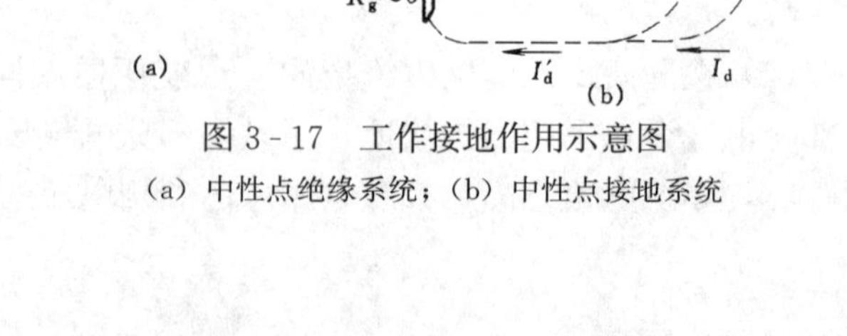

图 3-17 工作接地作用示意图

(a) 中性点绝缘系统；(b) 中性点接地系统

(4) 满足电气设备运行中的特殊需

要，如降低高压窜入低压的危险性。

五、漏电保护断路器的采用

1. 漏电保护断路器的作用

漏电保护断路器又称漏电开关、触电保安器等，其作用是防止电气设备和线路等漏电引起的人身触电事故。它能够在设备漏电、外壳呈现危险的对地电压时自动切断电源。在1kV以下的低压电网中，凡有可能触及带电部件或在潮湿场所装有电气设备的情况下，都应装设漏电保护断路器，以确保人身安全。

漏电保护断路器目前有两大类型：电压型和电流型。目前广泛应用的是反应零序电流的电流型漏电保护断路器。

2. 电流型漏电保护断路器工作原理

下面以图3-18所示四极电流型漏电保护断路器（电磁脱扣、带互感器、零序电流型）为例说明其工作原理。

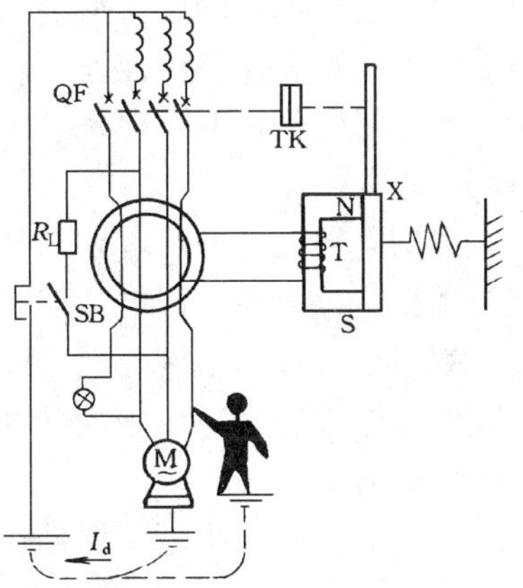

图3-18　电流型漏电保护断路器原理示意图

（1）正常工作时，各相电流的相量和等于零，因此零序电流互感器的环形铁心所感应磁通的相量和也为零，零序电流互感器的二次绕组中没有感应电压输出，极化电磁铁T的线圈没有电流流过，T的吸力克服弹簧反作用拉力，使衔铁X保持在闭合位置，脱扣机构不动作，漏电保护断路器的不动作，保持电路正常供电。

（2）当设备漏电或发生单相触电时，通过互感器一次侧各导线电流的相量和不再为零，而是等于漏电流 I_d。这样，环形铁心中将有交变磁通产生，在互感器二次绕组中就有感应电压输出，T的线圈中将有交流电流通过，产生交变磁通并与永久磁铁的磁通叠加，叠加的结果使电磁铁去磁，从而使其对衔铁吸力减小，于是衔铁被弹簧的反作用力拉开，脱扣机构TK动作，断路器QF断开电源。此外，在图3-18中，用按钮SB和限流 R_L 组成一个试验回路，在使用前可利用断路器上的按钮来检验断路器的动作是否正常。

3. 漏电保护断路器的选用

（1）对直接接触的防护。漏电保护断路器只作为直接接触防护中基本保护措施的附加保护时，应选用高灵敏度、快速动作型的漏电保护断路器，动作电流不超过30mA。

（2）对间接接触防护。间接接触电击防护，主要是采用自动切断电源的保护方式，以防止发生接地故障时电气设备的外露可导电部分持续带有危险电压而产生电击的危险。在间接接触防护中，采用自动切断电源的漏电保护断路器时，应正确地与系统接地型式相配合。系统接地型式见附录A。

1）TN系统。在TN系统中，当电路发生绝缘损坏故障，其故障电流值小于过电流保护装置的动作电流值时，需装漏电保护断路器。

在采用漏电保护断路器的TN系统中，电气设备外露可导电部分可根据电击防护措施具体情况采用单独接地，形成局部TT系统。

2）TT系统。TT系统的电气线路或电气设备应优先考虑装设漏电保护断路器作为防电击的保护措施。

（3）漏电保护断路器的技术条件应符合 GB/T 6829—2017《剩余电流动作保护电器（RCD）的一般要求》的有关规定，并具有国家认证标准，其技术额定值（见附录 B）应与被保护线路或设备的技术参数相配合。

根据电气设备的供电方式选用漏电保护断路器，单相 220V 电源供电的电气设备应选用二极二线式或单极二线式；三相三线式 380V 电源供电的电气设备应选用三极式；三相四线式 380V 电源供电的电气设备或单相设备与三相设备共用的电路，应选用三极四线式、四极四线式。

根据电气线路的正常泄漏电流，选择漏电保护断路器的额定漏电动作电流，应充分考虑到被保护线路和设备可能发生的正常泄漏电流值，必要时可通过实际测量取得。选用的漏电保护断路器的额定漏电不动作电流，应不小于电气线路和设备的正常泄漏电流的最大值的 2 倍。

根据电气设备的环境要求选用漏电保护断路器。漏电保护断路器的防护等级应与使用环境条件相适应。对电源电压偏差较大的和在高温或特低温环境中的电气设备应优先选用电磁式，雷电活动频繁地区的电气设备应选用冲击电压不动作型。安装在易燃、易爆、潮湿或有腐蚀性气体等恶劣环境中的电气设备，应根据有关标准选用特殊防护条件型，否则应采取相应的防护措施。

（4）对漏电保护断路器动作参数的选择：

1）手持电动工具、移动电器、家用电器插座回路的设备应优先选用额定漏电动作电流不大于 30mA 快速动作的。

2）单台电气设备可选用额定漏电动作电流为 30mA 及以上，100mA 以下快速动作的。

3）有多台设备的总保护应选用额定漏电动作电流为 100mA 及以上快速动作的。

（5）对特殊负荷和场所应按其特点选用：

1）医院中的医疗电气设备安装漏电保护断路器时，应选用额定漏电动作电流为 10mA 快速动作的。

2）安装在潮湿场所的电气设备应选用额定漏电动作电流为 15～30mA 快速动作的。

3）安装于游泳池、喷水池、水上游乐场、浴室的照明线路，应选用额定漏电动作电流为 10mA 快速动作的。

4）在金属物体上工作，操作手持式电动工具或行灯，应选用额定漏电动作电流为 10mA 快速动作的。

5）连接室外架空线路的电气设备应选用冲击电压不动作型。

6）带有架空线路的总保护应选择中、低灵敏度及延时动作的漏电保护断路器。

4. 漏电保护断路器的安装

漏电保护断路器的安装要求：应符合生产厂产品说明书的要求，充分考虑供电线路、供电方式、供电电压及系统接地型式，技术参数应满足被保护供电线路和电气设备的要求，安装接线应正确。

安装漏电保护断路器的施工要求：

（1）标有负载侧和电源侧时，应按规定安装接线，不得反接。

（2）带有短路保护的，必须保证在电弧喷出方向有足够的飞弧距离，飞弧距离大小按漏电保护断路器生产厂的规定。

(3) 组合式外部连接的控制回路，应使用铜导线，其截面不应小于 $1.5mm^2$。

(4) 安装漏电保护断路器后，不能拆除低压供电线路和电气设备的接地保护措施，但可按具体要求进行检查和调整。

(5) 安装后的检查项目：①用试验按钮试验 3 次，应正确动作；②带负荷分合开关 3 次，均不应有误动作。

(6) 安装必须严格区分中性线和保护线，三极四线式或四极式的中性线应接入，经过漏电保护断路器的中性线不得作为保护线，不得重复接地或接设备外露可导电部分。保护线不得接入漏电保护装置。

漏电保护断路器的安装必须由经技术培训考核合格的电工进行。

5. 漏电保护断路器的运行和管理

漏电保护断路器在投入运行后，使用单位应建立运行记录，并建立相应的管理制度。每月需在通电状态下，按下试验按钮，检查其动作是否可靠，雷雨季节应增加试验次数。雷击或其他不明原因使其动作后，应作检查。

为检查漏电保护断路器在运行中的动作特性及其变化，应定期进行动作特性试验，包括测试漏电动作电流值、漏电不动作电流值、分断时间等。退出运行的漏电保护断路器再次使用前，也应进行动作特性试验。进行动作特性试验时，应使用经国家有关部门检测合格的专用测试仪器，严禁利用相线直接触碰接地装置的试验方法。

漏电保护断路器动作后，经检查未发现事故原因的允许试送电一次，如果再次动作，应查明原因找出故障，必要时对其进行动作特性试验，不得连续强行送电；除经检查确认为漏电保护断路器的本身发生故障外，严禁私自撤除漏电保护断路器强行送电。

定期分析检查，及时更换有故障的漏电保护断路器，并不得随意变动其动作特性。维修应由专业人员进行，运行中遇有异常现象应找电工处理，以免扩大事故范围。对在保护范围内发生电击伤亡事故，应检查漏电保护断路器的动作情况，分析未能起到保护作用的原因，在未调查前应保护好现场，不得拆动漏电保护断路器。

课题三 安 全 用 具

教学要求

了解各种安全用具，掌握常用安全用具的使用及管理规定。

一、安全用具的作用和分类

(一) 安全用具的作用

在电力系统中，根据各专业和工种的不同，人们要从事不同的工作和进行不同的操作，而生产实践又告诉我们，为了顺利完成任务而又不发生人身事故，操作工人必须携带和使用各种安全用具。例如，对运行中的电气设备进行巡视、改变运行方式、检修试验时，需要采用电气安全用具；在线路施工中，人们离不开登高用安全用具；在带电的电气设备上或邻近带电设备的地方工作时，为了防止工作人员触电或被电弧灼伤，需要使用绝缘安全用具。所以，安全用具是防止触电、坠落、电弧灼伤等工伤事故，保障工作人员安全的各种专用工具和用具，是人们作业中必不可少的。

（二）安全用具的分类

安全用具可分为绝缘安全用具和一般防护安全用具两大类。绝缘安全用具又分为基本安全用具和辅助安全用具两类。

1. 绝缘安全用具

（1）基本安全用具，是指那些绝缘强度大、能长时间承受电气设备的工作电压，能直接用来操作带电设备或接触带电体的用具。基本安全用具有绝缘棒、验电器、绝缘夹钳等。

（2）辅助安全用具，是指那些绝缘强度不足以承受电气设备或线路的工作电压，而只能加强基本安全用具的保安作用，用来防止接触电压、跨步电压、电弧灼伤对操作人员伤害的用具。不能用辅助安全用具直接接触高压电气设备的带电部分。辅助安全用具有绝缘手套、绝缘靴（鞋）、绝缘垫、绝缘台等。

2. 一般防护安全用具

一般防护安全用具是指那些本身没有绝缘性能，但可以起到防护工作人员发生事故的用具。这种安全用具主要用于防止检修设备时误送电，防止工作人员走错间隔、误登带电设备，保证人与带电体之间的安全距离，防止电弧灼伤、高空坠落等。这些安全用具尽管不具有绝缘性能，但对防止工作人员发生伤亡事故是必不可少的。一般防护安全用具有携带型接地线、防护眼镜、安全帽、安全带、标示牌、临时遮栏等。此外，登高用的梯子、脚扣、站脚板等也属于这类安全用具的范畴。

二、基本安全用具

（一）绝缘棒

绝缘棒又称绝缘杆、操作杆。

1. 主要用途

绝缘棒用来接通或断开带电的高压隔离开关、跌落开关，安装和拆除临时接地线以及带电测量和试验工作。

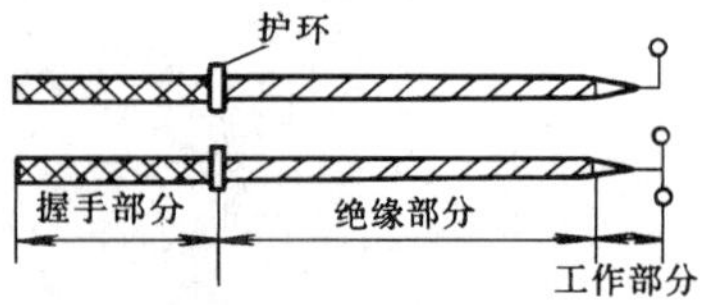

图 3-19 绝缘棒结构

2. 结构及规格

绝缘棒的结构主要由工作部分、绝缘部分和握手部分构成，如图 3-19 所示。

（1）工作部分一般由金属或具有较大机械强度的绝缘材料（如玻璃钢）制成，一般不宜过长。在满足工作需要的情况下，其长度不应超过 5～8cm，以免操作时发生相间或接地短路。

（2）绝缘部分和握手部分是用浸过绝缘漆的木材、硬塑料、胶木等制成的，两者之间由护环隔开。绝缘棒的绝缘部分须光洁、无裂纹或硬伤，其长度根据工作需要、电压等级和使用场所而定，如 110kV 以上电气设备使用的绝缘棒的绝缘部分为 2～3m。

（3）为了便于携带和保管，往往将绝缘棒分段制作，每段端头有金属螺钉，用以相互镶接，也可用其他方式连接，使用时将各段接上或拉开即可。

3. 使用和保管注意事项

（1）使用绝缘棒时，工作人员应戴绝缘手套和穿绝缘靴（鞋），以加强绝缘棒的保安作用。

（2）在下雨、下雪天用绝缘棒操作室外高压设备时，绝缘棒应有防雨罩，以使罩下部分的绝缘棒保持干燥。

（3）使用绝缘棒时要注意防止碰撞，以免损坏表面的绝缘层。

（4）绝缘棒应存放在干燥的地方，以防止受潮；一般应放在特制的架子上或垂直悬挂在专用挂架上，以防弯曲变形。

（5）绝缘棒不得直接与墙或地面接触，以防碰伤其绝缘表面。

4. 检查与试验

（1）绝缘棒一般应每三个月检查一次。检查时要擦净表面，检查有无裂纹、机械损伤、绝缘层损坏。

（2）绝缘棒一般每年必须试验一次，耐压试验标准见表 3-11。

表 3-11　　绝缘棒耐压试验标准

名　　称	电压等级（kV）	周　　期	交流耐压（kV）	时　　间（min）
绝　缘　棒	6～10	每年一次	44	5
	35～110		4 倍相电压	
	220		3 倍相电压	

（二）绝缘夹钳

1. 主要用途

绝缘夹钳是用来安装和拆卸高压熔断器或完成其他类似工作的工具，主要用于 35kV 及以下电力系统。

2. 主要结构

绝缘夹钳由工作钳口、绝缘部分（钳身）和握手部分（钳把）组成，如图 3-20 所示。各部分所用材料与绝缘棒相同，只是它的工作部分是一个强固的夹钳，并有一个或两个管形的钳口，用以夹紧熔断器。它的绝缘部分和握手部分的最小长度不应小于表 3-12 的数值，主要依据电压和使用场所而定。

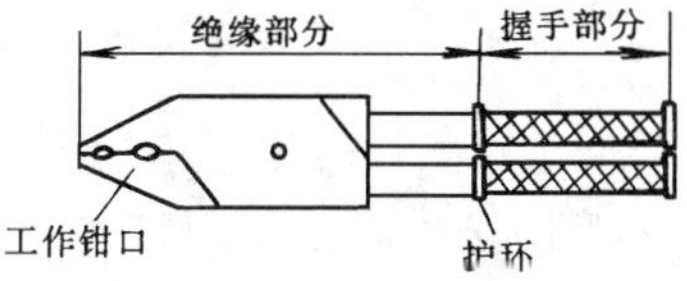

图 3-20　绝缘夹钳

表 3-12　　绝缘夹钳的最小长度

电　　压（kV）	户内设备用(m)		户外设备用(m)	
	绝缘部分	握手部分	绝缘部分	握手部分
10	0.45	0.15	0.75	0.20
35	0.75	0.20	1.20	0.20

3. 使用和保管注意事项

（1）绝缘夹钳上不允许装接地线，以免在操作时，由于接地线在空中摇晃而造成接地短路和触电事故。

（2）在潮湿天气只能使用专用的防雨绝缘夹钳。

（3）作业人员工作时，应戴护目眼镜、绝缘手套，穿绝缘靴（鞋）或站在绝缘台（垫）

上，手握绝缘夹钳时要精力集中并保持平衡。

（4）绝缘夹钳要保存在专用的箱子或匣子里，以防受潮和磨损。

4. 试验与检查

绝缘夹钳和绝缘棒一样，应每年试验一次，其耐压试验标准见表 3 - 13。

表 3 - 13　　绝缘夹钳耐压试验标准

名　称	电压等级（kV）	周　期	交流耐压（kV）	时　间（min）
绝缘夹钳	35 及以下	每年一次	3 倍线电压	5
	110		260	
	220		400	

（三）高压验电器

验电器又称测电器、试电器或电压指示器，分为高压和低压两类。

根据所使用的工作电压，高压验电器一般制成 10kV 和 35kV 两种。

1. 用途

验电器是检验电气设备、电器、导线是否有电的一种专用安全用具。当每次断开电源进行检修时，必须先用它验明设备确实无电后，方可进行工作。

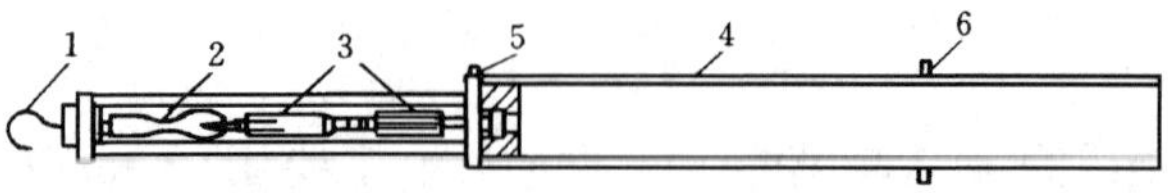

图 3 - 21　验电器结构

1—工作触头；2—氖灯；3—电容器；4—支持器；5—接地螺钉；6—隔离护环

2. 结构

验电器可分为指示器和支持器两部分，如图 3 - 21 所示。

（1）指示器是一个用绝缘材料制成的空心管，管的一端装有金属制成的工作触头 1，管内装有一个氖灯 2 和一组电容器 3，在管的另一端装有一金属接头，用来将管接在支持器上。

（2）支持器 4 是用胶木或硬橡胶制成的，分为绝缘部分和握手部分（握柄），两者之间装有一个比握柄直径稍大的隔离护环 6。

3. 使用注意事项

（1）必须使用电压和被验设备电压等级相一致的合格验电器。验电操作顺序应按照验电"三步骤"进行，即在验电前，应将验电器在带电的设备上验电，以验证验电器是否良好，然后再在设备进出线两侧逐相验电。当验明无电后再把验电器在带电设备上复核一下，看其是否良好。

（2）验电时，应戴绝缘手套，验电器应逐渐靠近带电部分，直到氖灯发亮为止，验电器不要立即直接触及带电部分。

（3）验电时，验电器不装接地线，除非在木梯、木杆上验电，不接地不能指示者，才可装接地线。

（4）验电器用后应存放于匣内，置于干燥处，避免积灰和受潮。

4. 检查与试验

（1）每次使用前都必须认真检查，主要检查绝缘部分有无污垢、损伤、裂纹，检查指示氖泡是否损坏、失灵。

（2）对高压验电器应每半年试验一次，一般验电器的试验分发光电压试验和耐压试验两部分，试验标准见表3-14。

表3-14　验电器的试验标准

验电器额定电压（kV）	发光电压试验		耐压试验			
	氖气管起辉电压（kV）	氖气管清晰电压（kV）	接触端和电容器引出端之间		电容器引出端和护环边界之间	
			试验电压（kV）	试验时间（min）	试验电压（kV）	试验时间（min）
10及以下	2.0	2.5	25	1	40	5
35及以下	8.0	10	35	1	105	5

（四）GHY型高压回转验电器

GHY型高压回转验电器消化吸收国外先进技术研制的一种新型高压验电器。

1. 测试原理

它是利用带电导体尖端放电产生的电风（即通过电晕放电产生的电晕风）来驱使指示叶片旋转，从而检测是否有电的（故也称风车式验电器）。

2. 结构、型号及动作原理

GHY型高压回转验电器主要由回转指示器和长度可以自由伸缩的绝缘棒组成，如图3-22所示。使用时，将回转指示器触及线路或电气设备，若设备带电，指示叶片则旋转，反之则不旋转。因此，它验电醒目明显、便于识别。

根据不同的使用电压，GHY型验电器有三种型号，其有关数据见表3-15。

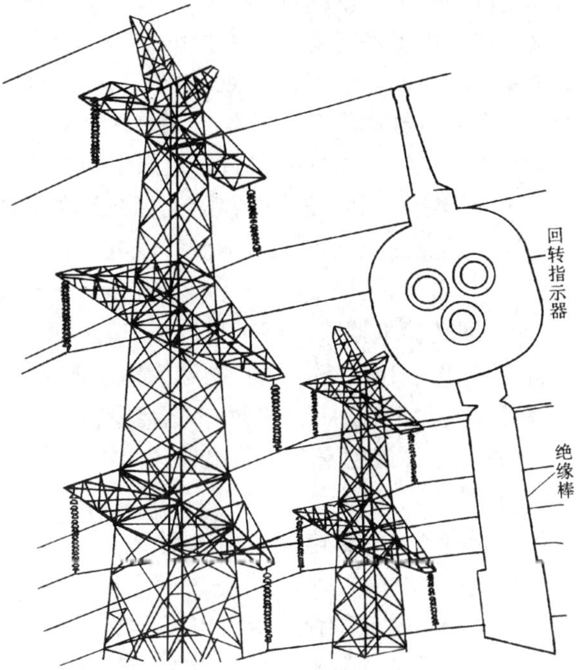

图3-22　GHY型高压回转验电器

表3-15　验电器型号及有关数据

型号	使用电压（kV）	指示器颜色	配用绝缘棒
GHY-10	6～10	绿	0.9m　2节
GHY-35	35	黄	0.9m　3节
GHY-220	110～220	红	1.2m　4节

3. 适用范围

这种验电器具有灵敏度高、选择性强、信号指示鲜明、操作方便等优点，不论在线路、杆塔上或变电站内都能够正确、明显地指示电气设备有无电压，适用于6kV及以上的交流电压。

4. 使用方法及注意事项

（1）使用前，应按所测验设备（线路）的电压等级，选用合适型号的回转指示器和绝缘棒。

（2）使用前，观察回转指示器叶片应无脱轴现象（脱轴者不得使用），然后将回转指示器握在手中轻轻摇晃，其叶片应稍有摆动。

（3）在现场设备停电的情况下使用验电器时，在使用前，需用 GFS 型高压发生试验器对回转指示器进行检验，证实良好后方可使用。

（4）将检验过的回转指示器旋在绝缘棒上固定，并用绸布将其表面拭净，然后转动至所需角度，以便使用时观察方便。

（5）根据电气设备所需测试的电压等级，将绝缘棒拉伸至规定长度。绝缘棒上标有红线，红线以上部位表示内有电容元件，且属带电部分，该部分应按 GB 26859—2011《电力安全工作规程　电力线路部分》要求与邻近导体或接地体保持必要的安全距离。

（6）使用验电器时，工作人员的手必须握在绝缘棒护环以下的部位，不准超过护环。

（7）在测试时，应逐渐靠近被测设备。一旦指示叶片开始正常回转，即说明该设备有电，应立即离开被测设备。叶片不能长期回转，以保证验电器的使用寿命。

（8）本验电器在多回路平行架空线上对其中任一回路进行验电时，均不受其他运行线路感应电压的影响。当电缆或电容器上存在残余电荷时，回转指示器叶片仅缓慢转动几圈，即自行停转，因此它可以准确鉴别设备停电与否。

（9）回转指示器应妥善保管，不得强烈振动或冲击，也不准擅自调整拆装。

（10）回转验电器只适用于户内或户外良好天气下使用，在雨、雪等环境下禁止使用。

（11）每次使用完毕，在收缩绝缘棒及取下回转指示器放入包装袋之前，应将表面尘埃拭净，并存放在干燥通风的地方，避免受潮。

（12）为保证使用安全，验电器应每半年进行一次预防性电气试验。

（五）低压验电器

低压验电器又称试电笔或验电笔。

1. 用途

低压验电器是一种检验低压电气设备、电器或线路是否带电的一种用具，也可以用它来区分相（火）线和中性（零）线。试验时氖管灯泡发亮的即为相线。此外，还可以用它区分交、直流电。当交流电通过氖管灯泡时，两极附近都发亮，而直流电通过氖管灯泡时，仅一个电极发亮。

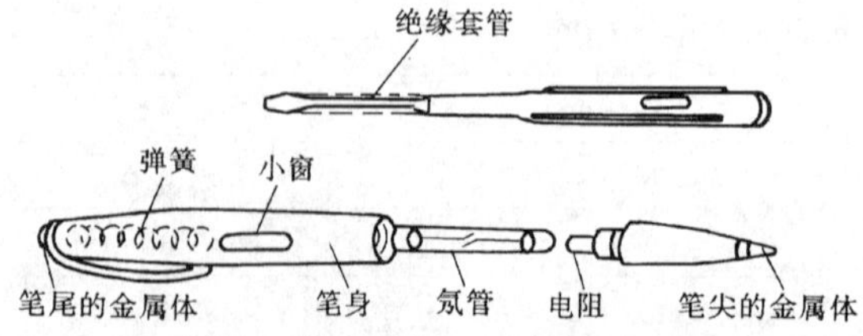

图 3-23　低压验电器的结构

2. 结构

低压验电器的结构如图 3-23 所示。在制作时为了工作和携带方便，常做成钢笔式或螺丝刀式。但不管哪种形式，其结构都类似，都是由一个高值电阻、氖管、弹簧、金属触头和笔身组成。

3. 使用

（1）使用时，手拿验电笔，用一个手指触及笔尾的金属体，金属笔尖顶端接触被检查的带电部分，看氖管灯泡是否发亮，如图 3-24 所示。如果发亮，则说明被检查的部分是带电的，并且灯泡越亮，说明电压越高。

（2）低压验电笔在使用前要在确知有电的设备或线路上试验一下，以证明其是否良好。

（3）低压验电笔并无高压验电器的绝缘部分，故绝不允许在高压电气设备或线路上进行试验，以免发生触电事故，只能在100～500V范围内使用。

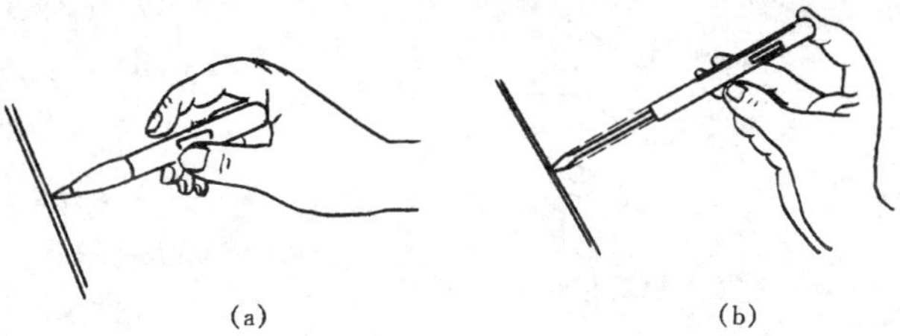

图3-24　验电笔的使用

(a) 使用方法一；(b) 使用方法二

三、辅助安全用具

（一）绝缘手套

1. 作用

绝缘手套是在高压电气设备上进行操作时使用的辅助安全用具，如用来操作高压隔离开关、高压跌落开关、断路器等；在低压带电设备上工作时，把它作为基本安全用具使用，即绝缘手套可直接用来在低压设备上进行带电作业。绝缘手套可使人的两手与带电物绝缘，是防止同时触及不同极性带电体而触电的安全用具。

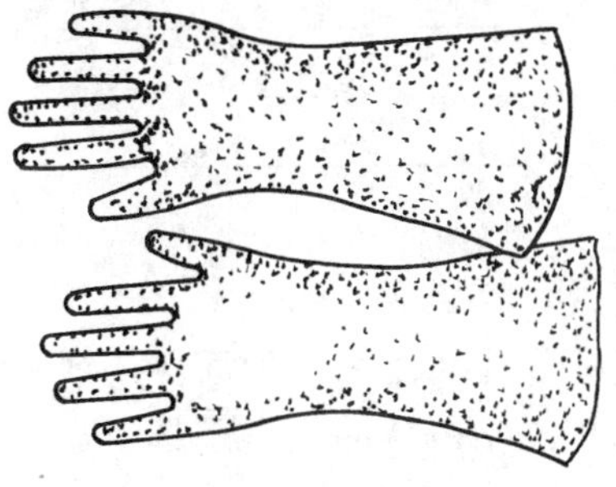

图3-25　绝缘手套式样

2. 式样及技术数据

绝缘手套用特种橡胶制成，其式样如图3-25所示。

表3-16列出了12kV和5kV两种绝缘手套的技术数据。绝缘手套的名称是以其试验电压来命名的。

表3-16　绝缘手套的技术数据

项　目		单　位	12kV绝缘手套	5kV绝缘手套
试验电压		kV	12	5
使用电压			1kV以上为辅助安全用具，1kV以下为基本安全用具	1kV以下为辅助安全用具
物理性能	扯断强度	MPa（兆帕）	15.68以上	15.68以上
	伸长率	%	600以上	600以上
	硬　度	邵氏	35±5	35±5
规　格	长度	mm	380±10	380±10
	厚度	mm	1～1.5	1±0.4

3. 使用及保管注意事项

（1）每次使用前应进行外部检查，查看表面有无损伤、磨损或破漏、划痕等，如有砂眼漏气情况，应禁止使用。检查方法是，将手套朝手指方向卷曲，当卷到一定程度时，内部空气因体积减小、压力增大，手指鼓起不漏气者，即为良好，如图3-26所示。

（2）使用绝缘手套时，里面最好戴上一双棉纱手套，这样夏天可防止出汗而操作不便，冬天可以保暖。戴手套时，应将外衣袖口放入手套的伸长部分里。

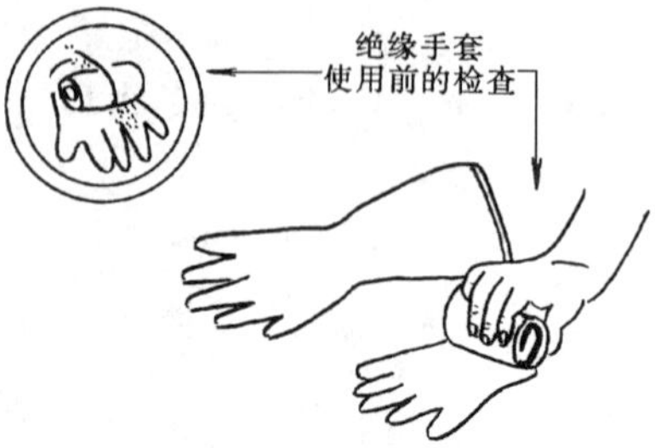

图 3-26 手套使用前的检查

（3）绝缘手套使用后应擦净晾干，最好撒上一些滑石粉，以免粘连。

（4）绝缘手套应存放在干燥、阴凉的地方，并应倒置在指形架上或存放在专用的柜内，与其他工具分开放置，其上不得堆压任何物件。

（5）绝缘手套不得与石油类的油脂接触，合格与不合格的绝缘手套不能混放在一起，以免使用时拿错。

4. 试验及标准

绝缘手套每半年试验一次，其试验标准见表 3-17。

表 3-17 绝缘手套试验标准

名　　称	电压等级	周　　期	交流耐压（kV）	泄漏电流（mA）	时　　间（min）
绝缘手套	高　　压	每 6 个月一次	8	≤9	1
	低　　压		2.5	≤2.5	

（二）绝缘靴（鞋）

1. 作用

绝缘靴（鞋）的作用是使人体与地面绝缘。绝缘靴是高压操作时用来与地面保持绝缘的辅助安全用具，而绝缘鞋用于低压系统中，两者都可作为防护跨步电压的安全用具。

2. 式样及规格

绝缘靴（鞋）是由特种橡胶制成的。绝缘靴通常不上漆，这是和有光泽黑漆的橡胶水靴在外观上所不同的，其式样如图 3-27 所示。

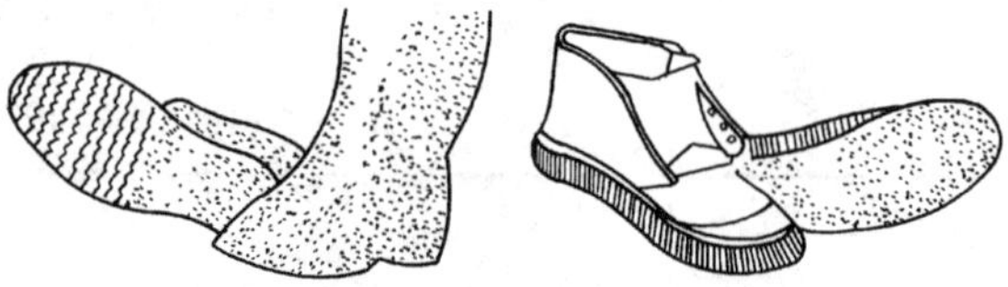

图 3-27 绝缘靴（鞋）的式样

绝缘靴有以下规格：37～41 号，靴筒高 230±10mm；41～43 号，靴筒高 250±10mm。绝缘鞋的规格为 35～45 号。

3. 使用及保管注意事项

（1）绝缘靴（鞋）不得当作雨鞋或其他用，其他非绝缘靴（鞋）也不能代替绝缘靴（鞋）使用。

（2）为了使用方便，一般现场至少配备大、中号绝缘靴各两双，以便大家都有靴穿用。

（3）绝缘靴（鞋）如试验不合格，则不能再穿用。对绝缘鞋，可从其大底面磨损程度作初步判断，当大底面磨光并露出黄色面胶（绝缘层）时，就不能再穿用了。

（4）绝缘靴（鞋）在每次使用前应进行外部检查，查看表面有无损伤、磨损或破漏、划痕等，如有砂眼、漏气，应禁止使用。

（5）绝缘靴（鞋）应存放在干燥、阴凉的地方，并应存放在专用的柜内，要与其他工具分开放置，其上不得堆压任何物件。

（6）不得与石油类的油脂接触，合格与不合格的绝缘靴（鞋）不能混放在一起，以免使用时拿错。

4. 试验与标准

绝缘靴每半年试验一次，试验标准见表3-18。

表3-18　绝缘靴的试验标准

名　称	电压等级	周　期	交流耐压(kV)	泄漏电流(mA)	时　间(min)
绝缘靴	高　压	每六个月一次	15	≤7.5	1

（三）绝缘垫

1. 作用

绝缘垫的保安作用与绝缘靴基本相同，因此可把它视为是一种固定的绝缘靴。绝缘垫一般铺在配电装置室等地面上以及控制屏、保护屏和发电机、调相机的励磁机端等处，以便带电操作开关时，增强操作人员的对地绝缘，避免或减轻发生单相短路或电气设备绝缘损坏时，接触电压与跨步电压对人体的伤害。在低压配电室地面上铺的绝缘垫，可代替绝缘鞋，起到绝缘作用，因此1kV以下绝缘垫可作为基本安全用具，而1kV以上绝缘垫，仅作辅助安全用具。其外形如图3-28所示。

图3-28　绝缘垫

2. 规格

绝缘垫也是由特种橡胶制成的，表面有防滑条纹或压花，有时也称它为绝缘毯。绝缘垫的厚度有4、6、8、10、12mm五种，通常宽度为1m，长度为5m，其最小尺寸不宜小于0.8m×0.8m。

3. 使用及保管注意事项

(1) 在使用过程中，应保持绝缘垫干燥、清洁，注意防止与酸、碱及各种油类物质接触，以免受腐蚀后老化、龟裂或变黏，降低其绝缘性能。

(2) 绝缘垫应避免阳光直射或锐利金属划刺，存放时应避免与热源（暖气等）距离太近，以防急剧老化变质，绝缘性能下降。

(3) 使用过程中要经常检查绝缘垫有无裂纹、划痕等，发现有问题时要立即禁用并及时更换。

4. 试验及标准

绝缘垫每两年应试验一次。

(1) 试验标准。在1kV及以上场所使用的绝缘垫，其试验电压不低于15kV。试验电压依其厚度的增加而增加，见表3-19。使用在1kV以下者，其试验电压为5kV，试验时间都为2min。

表3-19　1kV及以上场所使用的绝缘垫的试验标准

序　号	绝缘垫厚度(mm)	试验电压(kV)	时　间(min)
1	4	15	2
2	6	20	2
3	8	25	2
4	10	30	2
5	12	35	2

(2) 试验接线及方法。绝缘垫试验接线如图3-29所示。试验时使用两块平面电极板，电极距离可以调整，以调到与试验品能接触上为止。把一整块绝缘垫划分成若干等份，试了一份再试相邻的一份，直到所划等份全部试完为止。试验时先将要试的绝缘垫上下铺上湿

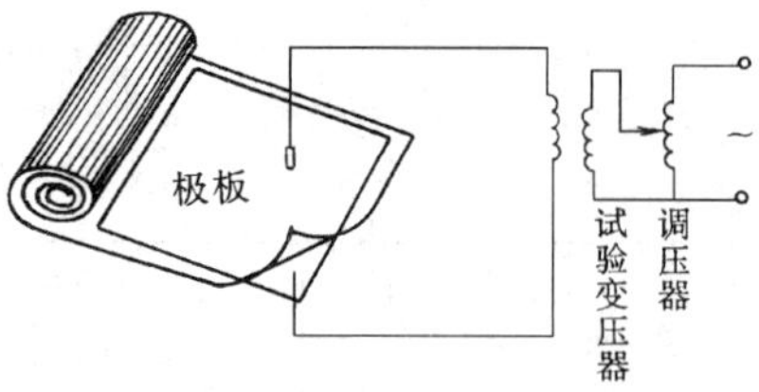

图 3-29 绝缘垫试验接线

布，布的大小与极板的大小相同，然后再在湿布上下面铺好极板，中间不应有空隙，然后加压试验，极板的宽度应比绝缘垫宽度小 10～15cm。

（四）绝缘台

1. 作用

绝缘台是一种用在任何电压等级的电力装置下作为带电工作时的辅助安全用具，其作用与绝缘垫、靴相同。其外形如图 3-30 所示。

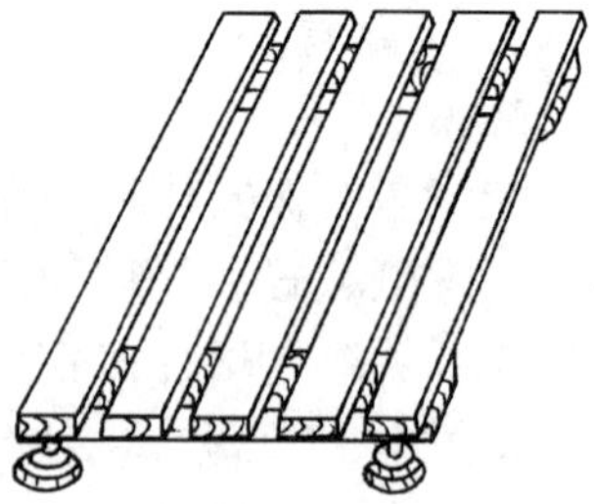

图 3-30 绝缘台

2. 制作与规格

绝缘台的台面用干燥、木纹直、无节疤的木板或木条拼成，相邻板条留有一定的缝隙，以便于检查支持绝缘子（又称支持瓷瓶）是否有损坏，台面板四脚用绝缘支持瓷瓶与地面绝缘并作台脚之用。

绝缘台最小尺寸不宜小于 0.8m×0.8m，最大尺寸不宜超过 1.5m×1.0m，以便于检查。台面板条间距不宜大于 2.5cm，以免鞋跟陷入。绝缘支持瓷瓶高度不得小于 10cm，台面板边缘不得伸出绝缘子以外，以免绝缘台倾翻，使作业人员摔倒。为增加绝缘台的绝缘性能，台面木板（木条）应涂绝缘漆。

3. 使用及保管注意事项

（1）绝缘台多用于变电站和配电室内。如用于户外，应将其置于坚硬的地面，不应放在松软的地面或泥草中，以避免台脚陷于泥土中造成站台面触及地面而降低绝缘性能。

（2）绝缘台的台脚绝缘支持瓷瓶应无裂纹、破损，木质台面要保持干燥、清洁。

（3）绝缘台使用后应妥加保管，不得随意登、踩或作板凳使用。

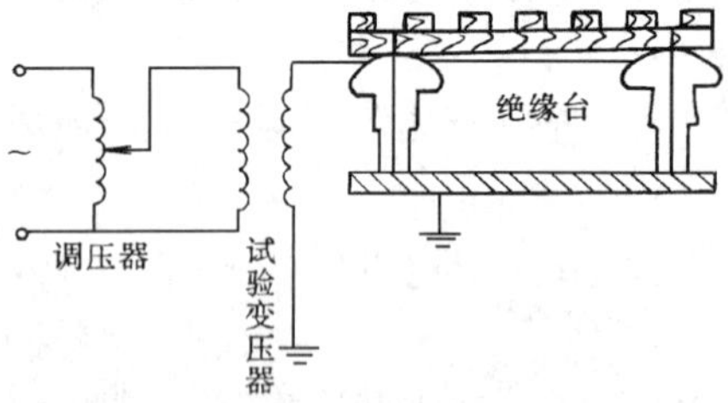

图 3-31 绝缘台试验接线

4. 试验及标准

绝缘台一般三年试验一次。

（1）试验标准。绝缘台试验与使用电压等级无关，一律加交流电压 40kV，持续时间为 2min。

（2）试验接线及方法。绝缘台试验接线如图 3-31 所示。

绝缘台是整体进行试验的。把绝缘台支持瓷瓶上下部分接在试验变压器的二次（高压）侧，电压加在上下部分之间，缓慢调电压直至升为试验电压为止，并持续 2min。在试验过程中若发现有跳火花情况，或试后除去电压用手摸试支持瓷瓶有发热现象时，则为不合格。

四、防护安全用具

（一）携带型短路接地线

在检修设备和线路上挂接短路接地线，是在高压设备上工作保证安全的一项技术措施。携带型短路接地线由短路软导线、接地软线和接线夹头组成，其中相同的三根软导线线夹，接检修设备三相带电体，另一端共同与接地软线良好连接，接地软线另一端与接地装置的接地线相接。为满足动热稳定要求，由多股软裸铜制的接地软线截面应不小于 $25mm^2$。

（二）临时遮栏

高压设备检修试验时，用临时遮栏将工作段与带电设备隔开，防止工作人员走错间隔，或意外触碰带电部分。临时遮栏可用干燥的木材或其他不导电材料制成板式遮栏、栅栏或网式围栏，也可用红白相间的彩带、三角旗绳索、红布幔作围栏，以明显标出检修和运行设备的界限。

（三）安全标示牌

标示牌用醒目的颜色和图像，配合一定的文字说明，提醒工作人员对危险因素的注意。常用的标示牌式样和悬挂处所见表3-20。

表3-20　安全标示牌

序号	名称	悬挂处所	式样		
			尺寸（mm）	颜色	字样
1	禁止合闸，有人工作！	一经合闸即可送电到施工设备的开关和隔离开关操作手把上	200×100和80×50	白底	红字
2	禁止合闸，线路有人工作！	线路开关和隔离开关把手上	200×100和80×50	红底	白字
3	在此工作！	室内和室外工作地点或施工设备上	250×250	绿底中有直径为210mm的白圆圈	黑字写于白圆圈中
4	止步，高压危险！	施工地点临近带电设备的遮栏上，室外工作地点的围栏上，禁止通行的过道上，高压试验地点，室外架构上，工作地点临近带电设备的横梁上	250×250	白底红边	黑字，有红色危险标志
5	从此上下	工作人员上、下的铁架、梯子上	250×250	绿底中有直径为210mm的白圆圈	黑字，写于白圆圈中
6	禁止攀登，高压危险！	工作人员上、下铁架临近可能上、下的另外铁架上，运行中变压器的梯子上	250×200	白底红边	黑字
7	已接地！	悬挂在已接地线的隔离开关操作手把上	240×130	绿底	黑字

防护安全用具还有防护眼镜、安全帽、安全带等。

（四）安全用具的试验周期和标准

为确保安全用具的绝缘良好、性能可靠，应根据《电力安全工作规程》规定进行电气试验和机械试验，未经试验或超出试验有效期的安全用具不得使用，试验不合格的安全用具不得使用，发现有损伤的安全用具应停止使用，需经过修理并试验合格后方可继续使用。常用安全用具试验标准和周期见表3-21。

表 3-21　　常用安全用具的试验标准

序号	名　称	电压等级（kV）	周　期	交流耐压（kV）	时间（min）	泄漏电流（mA）	附　注
1	绝缘棒	6～10	每年一次	44	5		
		35～110		4倍相电压			
		220		3倍相电压			
2	绝缘挡板	6～10	每年一次	30	5		
		35		80			
3	绝缘罩	35	每年一次	80	5		
4	绝缘夹钳	35及以下	每年一次	三倍线电压	5		
		110		260			
		220		400			
5	验电笔	6～10	每六个月一次	40	5		发光电压不高于额定电压的25%
		35		105			
6	绝缘手套	高　压	每六个月一次	8	1	≤9	新品按12kV
		低　压		2.5		≤2.5	
7	橡胶绝缘靴	高　压	每六个月一次	15	1	≤7.5	新品按20kV，2min
8	核相器电阻管	6	每六个月一次	6	1	≤1.7～2.4	新品按20kV，2min
		10		10		≤1.4～1.7	

课题四　电气作业安全措施

教学要求

了解电气作业的安全组织措施和技术措施。

为了确保在高压设备上工作时的人身安全，在高压设备上工作必须遵守下列各项：

（1）填写工作票或用口头命令；

（2）至少应有两人在一起工作；

（3）完成保证工作人员安全的组织措施和技术措施。

一、保证安全的组织措施

组织措施是指在进行电气检修、试验、施工工作时，将检修、试验、运行等有关部门组织起来，统一指挥、明确分工、密切配合，共同保证施工安全所制订的各项制度，包括工作票制度、工作许可制度、工作监护制度和工作间断、转移和终结制度四项组织措施。

1. 工作票制度

工作票是准许在高压设备和线路上工作的书面命令和工作凭证。根据工作性质和范围不同，有第一种工作票和第二种工作票之分。需办理第一种工作票的工作有：高压设备上工作需要全部停电或部分停电的工作；在高压室内的二次接线和照明回路上工作，需要将高压设备停电或做安全措施的工作。需办理第二种工作票的工作主要有：带电作业或在带电设备外壳上、二次回路上工作无须将高压设备停电的工作。其他工作可用口头或电话命令方式批准进行。工作票格式见附录D和附录E所示。

工作票由工作票签发人填写，一式两份，应正确清楚，不得涂改。两份工作票中的一份必须保存在工作地点，由工作负责人收执；另一份由值班员收执，按值移交。值班员应将工作任务、工作票编号、许可开始工作时间及完工时间记入操作记录簿中。在无人值班的设备上工作时，第二份工作票由工作许可人收执。

工作票中所列安全措施，应在开工前一次完成。

2. 工作许可制度

工作许可人（值班员）在完成施工现场的安全措施后，应会同工作负责人到现场再次检查所做的安全措施，以手触试，证明检修设备上确无电压，并对工作负责人指明带电设备的位置和注意事项；工作负责人对安全措施无异议，双方在工作票上分别签名。完成上述工作许可手续后，工作班组方可开始工作。

3. 工作监护制度

完成工作许可手续后，工作负责人（监护人）应向工作人员交代现场安全措施、带电部位和其他注意事项。工作负责人必须始终在工作现场，对工作班成员的安全认真监护，除在全部停电工作时，可参加班组工作外，专责监护人不得兼做其他工作。工作期间工作负责人因故需离开工作地点时，应指定能胜任的人员代替，并告知工作人员。如工作负责人需长时间离开现场，应由原工作票签发人变更新工作负责人，在工作票7项中填写清楚并签名。

4. 工作间断、转移和终结制度

工作短时间断时，工作人员应从工作现场撤出，所有安全措施不变，工作票仍由工作负责人收执。间断后继续工作，无需通过工作许可人。每日收工，应清扫工作地点，开放已封闭的通道，并将工作票交回值班员。次日复工时，应取得值班员同意，取回工作票，再次认真检查安全措施后，方可工作。

在未办理工作票终结手续以前，值班员不准将施工设备合闸送电。严禁约时停送电。

全部工作完毕后，工作人员应清扫、整理现场，工作负责人应周密地检查，待全体工作人员撤离工作地点后，会同值班员进行现场检查，讲清检修项目、发现问题、试验结果和存在问题等，然后在工作票上填明工作终结时间，双方签名后，工作票方告终结。

已结束的工作票，保存一年。

二、保证安全的技术措施

在电气设备上工作，保证安全的技术措施为停电、验电、装设接地线、悬挂标示牌和装设遮栏。

1. 停电

应停电的范围除检修施工设备外，与工作人员正常活动范围的距离小于表3-22的带电设备，与检修设备的距离小于表3-23的无遮栏带电设备均应停电。

表3-22　工作人员工作中正常活动范围与带电设备的安全距离

电压等级（kV）	10及以下	20～35	44	60～110	154	220	330	500
安全距离（m）	0.35	0.6	0.9	1.5	2.0	3.0	4.0	5.0

表 3-23 人体与无遮栏带电体间的最小安全距离

电压等级（kV）	1以下	1～10	20～35	60～110	220	330	500
安全距离（m）	0.1	0.7	1.0	1.5	3.0	4.0	5.0

将检修设备停电，必须把各方面的电源完全断开（任何运行中的星形接线设备的中性点也应视为带电设备）。禁止在只经断路器断开电源的设备上工作，必须断开隔离开关，使可能来电的各方至少有一个明显的断开点。与停电设备有关的变压器和电压互感器必须从高低压两侧断开，防止向停电设备反送电。

线路作业应停电的范围是作业线路变电站的出线断路器和隔离开关及线路间的联络用断路设备，可能将电源反送至作业线路的电源设备的断路器和隔离开关（包括可能通过变压器反送到线路的低压电源设备）。

2. 验电

检修的设备或线路停电后，在装设接地线之前必须用验电器验明其确无电压。

验电应使用电压等级合适、经试验合格、试验期限有效的验电器。验电前，应先将验电器在带电的设备上检验其是否良好。验电工作应在施工或检修设备进出线和各相分别进行。

3. 装设接地线

用携带式短路接地线（或接地开关）将检修或施工设备三相短路接地，是防止工作地点突然来电造成触电事故的主要安全技术措施。

短路接地线的作用，一是泄放检修设备停电后的残余电荷和可能产生的感应电荷；二是将工作设备三相短路接地，当因意外原因造成对检修设备误送电时，迫使电源的继电保护装置迅速动作，切断供电。三是将施工设备与大地良好连接，保持工作点“地”电位。

对于可能送电至停电设备的各方面或可能产生感应电压的部位都应装设接地线，接地线与检修部分间不应连有开关和熔断器。接地线应尽量设在工作人员可见之处。装设接地线必须先接地端、后接导体端，拆时顺序相反。装设接地线应在验明无电后立即进行。必须将三相短路后集中接地。那种分相单独接地的做法、只在一相或两相装接地线的做法或三相短路不接地的做法都是不安全的，可能在突然来电时，使工作点出现对地电压，而造成触电事故。

4. 悬挂标示牌和装设遮栏

高压设备检修和施工，完成停电、验电、装设接地线的安全措施后，还应在开关把手上、工作设备上及附近带电设备上悬挂标示牌，按工作环境条件设置相应遮栏。应悬挂的标示牌名称和悬挂地点、临时遮栏的设置原则参照课题三“安全用具”的介绍。

课题五 触 电 急 救

教学要求

熟悉触电急救方法。

一、概述

触电事故往往是在一瞬间发生的，情况危急，刻不容缓，时间就是生命。

人的生命终止分为濒死、临床死亡、生理死亡三阶段。濒死，就是生命处于血压下降、呼吸困难、心跳微弱的危险阶段；临床死亡，就是呼吸、心跳停止；生理死亡，就是组织细胞逐渐死亡。

人体触电后，有的虽然心跳、呼吸停止了，但可能属于濒死或临床死亡，如果抢救正确及时，一般还是可能救活的。

触电者的生命能否获救，关键在于能否迅速脱离电源和进行正确的紧急救护。经验证明：触电后1min内急救，有60%～90%的救活可能；1～2min内急救，有45%左右的救活可能；如果经过6min才进行急救，那么只有10%～20%的救活可能；超过6min，救活的可能性就更小了，但是还有救活的可能。

人触电以后，往往会出现神经麻痹、昏迷不醒，甚至呼吸中断、心脏停止跳动等症状，从外表看好像已经没有恢复生命的希望了，但只要没有明显的致命内、外伤，一般并不是真正的死亡，应视为“假死”。所谓假死，即指触电者丧失了知觉、面色苍白、瞳孔放大、脉搏和呼吸停止。根据临床表现，可将假死分成三类：①心跳停止，但尚能呼吸；②呼吸停止，心跳尚存在，但脉搏很微弱；③心跳、呼吸均停止。

对于“假死”的伤员，如果抢救及时、方法得当、坚持不懈、耐心等待，多数触电者可以“起死回生”。许多实际资料表明，有的伤员心脏停止跳动、呼吸中断后，经过较长时间的抢救，实施人工呼吸，又恢复了知觉。一般来说，触电者死亡后有以下五个特征：①心跳、呼吸停止；②瞳孔放大；③尸斑；④尸僵；⑤血管硬化。如果以上五个特征中有一个尚未出现，都应视触电者为“假死”，还应坚持抢救。如果触电者在抢救过程中出现面色好转、嘴唇逐渐红润、瞳孔缩小、心跳和呼吸逐渐恢复正常，即可认为抢救有效。至于伤员是否真正死亡，只有医生才有权作出诊断结论。

二、触电急救的基本原则

（1）当发现有人触电时，切不可惊慌失措，应设法尽快将触电人所接触的带电设备的开关或其他断路设备断开，使触电者脱离电源。迅速脱离电源是减轻伤害和救护触电者的关键和首要工作。

（2）当触电者安全脱离电源后，救护者要熟悉救护方法。施行人工呼吸和胸外心脏按压时，一定要按照规定动作进行操作，只有动作准确，救治才会有效。

（3）抢救触电者一定要在现场或附近就地进行，千万不要长途护送到医院或某部门去进行抢救，这样会延误抢救，影响救治效果。

（4）救治要坚持不懈地进行，要有信心、耐心，不要因一时抢救无效而放弃抢救。

（5）救护人员在救治他人的同时，要切记注意保护自己。例如，在触电者未脱离电源之前，救护人员在尚未采取任何安全措施的情况下，千万不能用手直接去拉触电人，防止发生救护人触电的事故。

（6）若触电者所处的位置较高，必须采取一定的安全措施，以防断电后，触电者从高处摔下。

（7）救护时应保持头脑冷静、清醒，应观察场地和周围环境，要分清是高压触电还是低压触电，以便做到忙而不乱，并采取相应的正确措施使触电者脱离电源，而救护人员又不致触电。

（8）夜间发生触电事故，为救护触电伤员而切除电源时，有时照明会同时失电，因此应考虑事故照明、应急灯等临时照明，以利救护。

三、脱离电源

要根据触电现场的具体情况选择脱离电源的方法。

1. 脱离低压电源

使触电者脱离低压电源的主要方法有以下几种：

（1）切断电源。如果电源开关或者插座就在触电地点附近，救护人应迅速拉开开关或者拔掉插头等，如图 3 - 32 所示。

（2）割断电源线。如果电源开关或插座离触电地点很远，则可用带绝缘柄的电工钳或者用装有干燥木柄的斧头、锄头、铁锹等利器把电源侧的电线砍断，如图 3 - 33 所示。割断点最好选择在靠电源侧有支持物处，以防被砍断的电源线触及他人或救护人。

图 3 - 32 拉开开关或拔掉插头

图 3 - 33 割断电源线

（3）挑、拉电源线。如果电线断落在触电者身上或压在触电人身下，并且电源开关又不在触电现场附近时，救护者可用干燥的木棍、竹竿、扁担等一切身边可能拿到的绝缘物把电线挑开，如图 3 - 34 所示，或用干燥的绝缘绳索套拉导线或触电者，使其脱离电源。

（4）拉开触电者。如果救护人身边什么工具也没有，在场救护人员可戴上绝缘手套或用干燥的衣服、帽子、围巾等物把一只手缠包起来，去拉触电者的干燥衣服。当附近有干燥的木板、木凳时，站在其上去拉更好（可增加绝缘）。但要注意：为使触电者与导电体解脱，救护人最好用一只手去拉，如图 3 - 35 所示，切勿碰触电者触电的金属物体或裸露身躯。

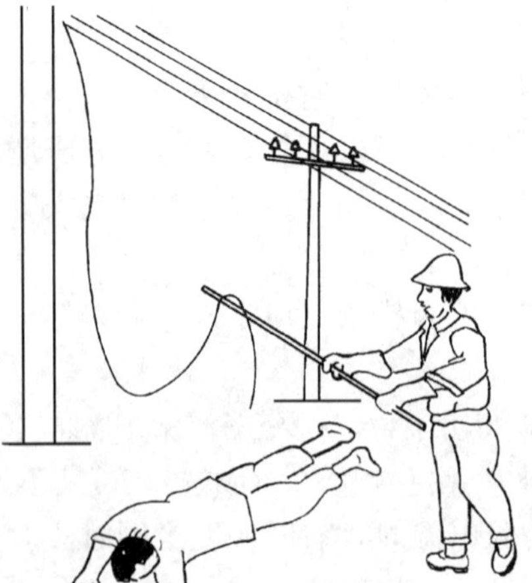

图 3 - 34 挑、拉电源线

图 3 - 35 拉开触电者

（5）采取相应措施救护。如果电流通过触电者入地，并且触电者紧握电线，则可设法用干木板塞到触电者身下，使其与地隔离，然后用绝缘钳或其他绝缘器具（如干木棒、斧头）将电线剪（切）断，救护人在救护过程中也要尽可能站在干木板上或绝缘垫上，如图 3-36 所示。

2. 脱离高压电源

脱离高压电源的方法和脱离低压电源的不同，在高压电源情况下使用上述工具是不安全的。如在户外作业，往往触电现场离电源开关很远，救护人不易直接切断电源。高压触电很危险，不懂安全常识或未受过培训的人，最好不要贸然抢救触电者，以免自身难保。脱离高压电源的方法如下：

（1）如果有人在高压带电设备上触电，救护人应戴上绝缘手套、穿上绝缘靴拉开电源开关，如图 3-37 所示；用相应电压等级的绝缘工具拉开高压跌落开关，以切断电源。与此同时，救护人在抢救过程中，应注意自身与周围带电部分之间的安全距离。

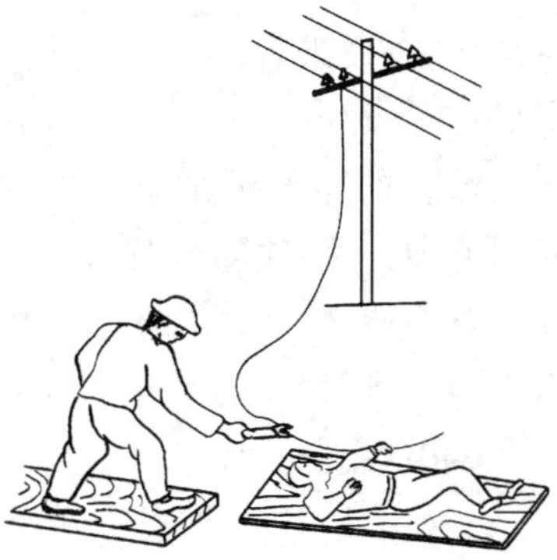

图 3-36　采取相应措施救护

图 3-37　戴上绝缘手套，穿上绝缘靴救护

（2）当有人在架空线路上触电时，救护人应尽快用电话通知当地电业部门迅速停电，以备抢救；如触电发生在高压架空线路杆塔上，又不能迅速联系就近变电站停电时，救护者可采取应急措施，即采用抛掷截面足够、长度适当的裸金属软导线，使电源线路短路，造成保护装置动作，从而使电源开关跳闸，如图 3-38 所示。抛掷前，应将短路线一端固定在铁塔或接地引下线上，另一端系重物。但在抛掷时，应注意防止电弧伤人或断线危及他人安全，同时应做好防止触电者发生高处坠落摔伤的措施。

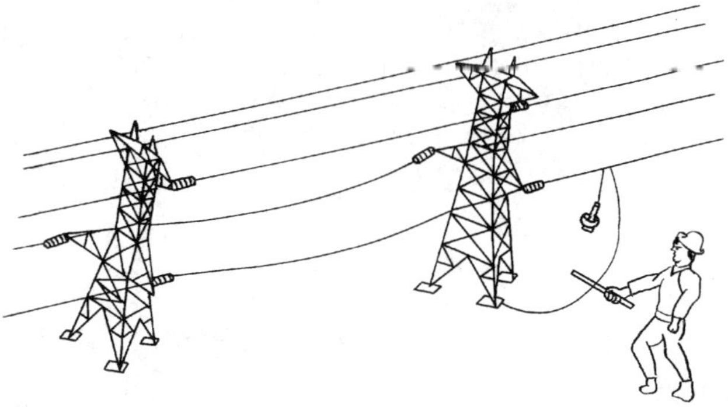

图 3-38　抛掷裸金属线使电源短路

（3）如果触电者触及断落在地上的带电高压导线，在尚未确认线路无电且救护人未采取安全措施（如穿绝缘靴等）前，不能接近断线点 8～10m 范围内，以防跨步电压伤人。若要想救人，救护人可戴绝缘手套，穿绝缘靴，用与触电电压等级相一致的绝缘棒将电线挑开，

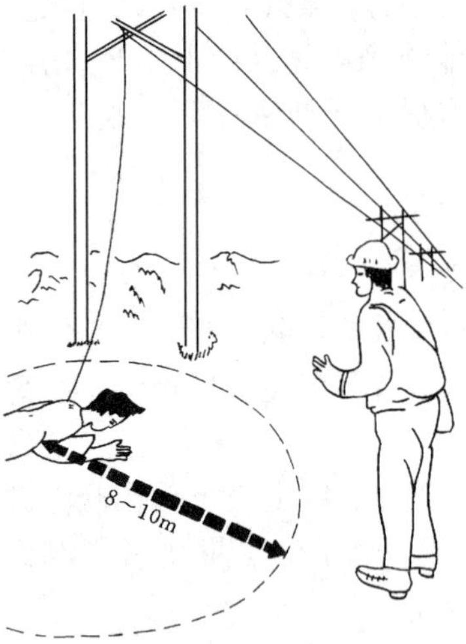

图 3－39 未采取安全措施前不能接近断线点

如图 3－39 所示。

四、对症抢救

当触电者脱离电源以后，应根据触电者伤害的轻重程度，采取以下不同的急救措施：

（1）若触电者神志清醒，只是感到心慌、四肢发麻、全身无力或者虽然曾一度昏迷，但未失去知觉，这时就要使触电者就地、安静、舒适地躺下休息，让其慢慢恢复正常。在休息中，要注意观察其呼吸和脉搏的变化，这期间暂不要让触电者站立或走动，以减轻心脏负担。

（2）若触电者神志不清，则应将他就地躺平，确保其呼吸道畅通，并呼叫伤员或轻拍其肩部，判定触电者是否丧失意识，但禁止用摇动头部的办法呼叫，如图 3－40 所示。

（3）如果触电者神志的确丧失，则应及时进行呼吸、心跳情况的判断，采取的办法是看、听、试。看，即看伤员的胸部、腹部有无起伏动作（看看有无气流）。方法是救护者的脸贴近触电者的嘴和鼻孔处，也可用一张薄纸片放在触电者的嘴和鼻孔上，查看有无呼吸（纸片动，则有呼吸；纸片不动，则呼吸中断）。听，即用耳贴近伤员的口鼻处，听听有无呼气声音。方法是用耳贴在触电者的胸部，听听心脏是否停止跳动。试，即用两手指轻试一侧（左或右）喉结旁凹陷处的颈动脉有无搏动，判断心跳情况。呼吸、心跳情况的判断如图 3－41 所示。

图 3－40 判定伤员意识

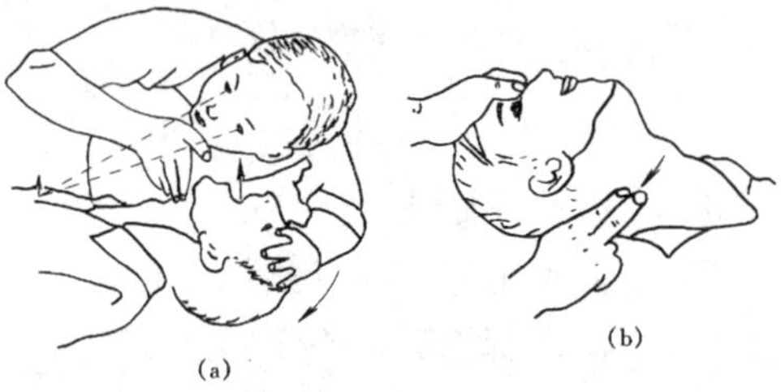

图 3－41 呼吸、心跳情况的判断
（a）看、听；（b）试

（4）如果触电者已丧失意识、呼吸停止，但心脏或脉搏仍跳动，应采用口对口人工呼吸法抢救。

（5）如果触电者有呼吸，但心脏和脉搏停止跳动，应采用胸外心脏按压法进行抢救。

（6）如果触电者呼吸和心跳均已停止，则应立即按心肺复苏法支持生命的三项基本措施［即通畅气道、口对口（鼻）人工呼吸、胸外心脏按压］就地进行抢救。

人工呼吸法和胸外心脏按压法是目前现场救护的主要方法，只要操作正确、坚持不懈，对于一般“假死”的触电者来说，救活的可能性还是比较大的。

在进行现场抢救的同时，还应尽快通知医务人员赶至现场急救，同时做好送往医院的准备工作。此外，触电者虽经现场抢救已恢复正常返回家里，但仍要注意观察，以免再发生病变。

(7) 人工呼吸和胸外心脏按压法是现场急救的基本方法。对因电击心脏骤停的患者，现场急救中禁止使用肾上腺素等强心针。

强心针可以增强心肌收缩力和兴奋性，刺激心脏起搏，在医院抢救中适时对症地应用肾上腺素药物，对促使心脏恢复自主节律是有效的，但是，触电者的心脏状态和垂危病人的心脏不同。有些病危者心脏缺乏自我收缩能力，处于松弛状态，强心针可以帮助心脏恢复收缩功能。而触电者的心脏是处于剧烈收缩状态，即不协调地颤动，此时打强心针害大于利。再者，现场急救中没有心电图监视和心脏除颤设备，无法判断心律失常的类型，因而不能正确掌握使用肾上腺素的适应症，反而可能加速死亡。

所以，在目前现场触电急救中不准使用肾上腺素。在医院抢救中，有除颤设备和心电监护条件下可慎用心脏复苏药物。

五、杆上或高处触电急救

当杆上发生人身触电事故时，如果不懂得如何营救，就会束手无策，延误了营救时间；如果营救不当，触电者不但得不到正确营救，还可能发生高空坠落摔伤而加重伤情，救护人本身也可能发生触电或摔跌事故。

当发现电杆上的工作人员突然触电时，杆下人员必须立即进行抢救。首先是使触电者很快脱离电源和高空，将其护降到安全的地面再进行救护，具体营救方法和步骤如下：

(1) 脱离电源。当判断杆上人发生触电情况时，首要的一点就是按照前述办法让触电人脱离电源。

(2) 做好营救的准备工作。救护人的自身保护对整个营救工作的成败是很重要的，为此救护人要准备好必备的安全用具，如绝缘手套、安全带、脚扣、绳子等。另外还要观察电杆情况，看电杆是否倾斜、横担是否牢固。此外，救护人确认触电者已与电源隔离，且救护人本身所处区域安全距离内无危险电源时，方能接触伤员进行抢救。

(3) 选好营救位置。一般而言，营救的最佳位置是高出受伤者约 20cm，并面向伤员。固定好安全带后，再开始营救。

(4) 确定触电者病情。将触电者扶卧到救护人的安全带上，进行意识、呼吸、脉搏判定。如伤员有知觉，那么可告诉他放心，并帮助将他下放到地面进行护理。

(5) 对症急救。如触电者呼吸停止，立即口对口（鼻）吹气 2 次，以后每 5s 再吹气一次；如颈动脉无搏动时（心跳停止），杆上难以进行胸外按压，可用空心拳头（空心拳小指侧肌内部）离胸前上方 25～30cm 向胸前（心前区）叩击 2 次，以促使心脏复跳，如图 3-42 所示。如心跳不恢复，就不要再叩，应与地面联系，将伤员送至地面后，按前述办法进行抢救。

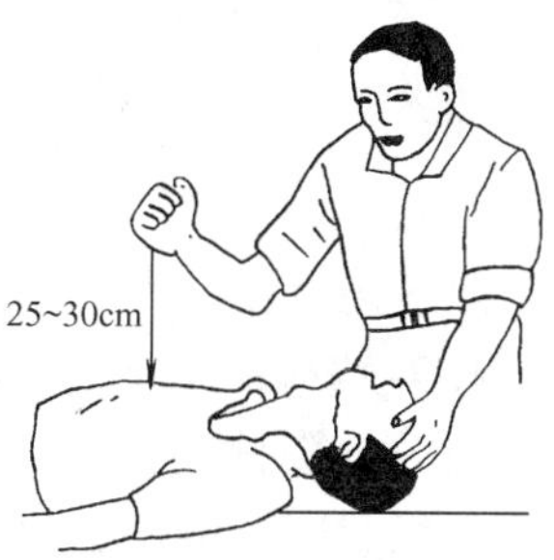

图 3-42　空心拳头叩击胸前使心脏复跳

(6) 下放伤员。为使抢救更为有效，应当及早设法将伤员安全送至地面。下放方法是否得当，是抢救伤员成败的关键。下面介绍单人下放和双人下放法：①单人下放时，首先在杆上安放绳索，如图 3-43 (a) 所示。然后用 3cm 粗的绳子将伤员绑好，将绳子的一端固定在杆子横担上，固定时绳子要绕 2～3 圈，目的是要增大下放时的摩擦力，以免突然将伤员放下，再发生意外。绳子的另一端绑在伤员的腋下，绑的方法是在腋下环绕一圈，打三个半靠结，如图 3-43（b）所示。绳头塞进伤员腋旁的圈内，并压紧，如图 3-43（c）所示。绳子的长度一般应为杆高的 1.2～1.5 倍。最后将伤员的脚扣和安全带松开，再解开固定在电杆上的绳子，缓缓将伤员放下，如图 3-43（d）所示；②双人的下放方法基本与单人的下放法相同，即救护人上杆后，将绳子的一端绕过横担，绑在伤员的腋下，绳子另一端不是由杆上救护人握住，而是由杆下另一人握住缓缓下放，杆上人可握住绑触电者绳子的一端顺着下放，如图 3-43（e）所示。双人下放用的绳子要求长一些，应为杆高的 2.2～2.5 倍。另外要求杆上、杆下救护人做好配合工作，动作要协调一致，防止杆上人员突然松手，杆下人员没有准备，伤员从杆上快速降下而发生意外。

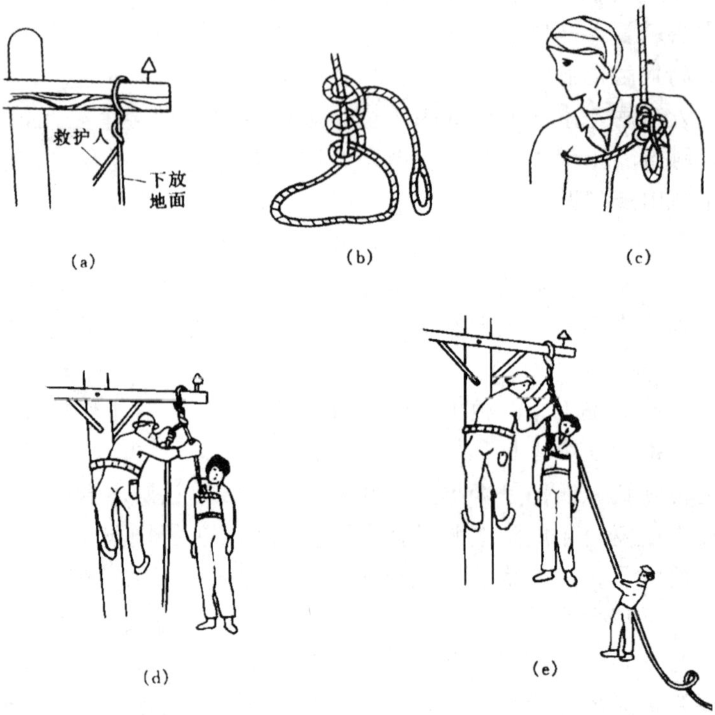

图 3-43　单、双人下放触电者

（a），（b），（c）下放触电者绳子绑扎法；

（d）单人下放；（e）双人下放

六、电烧伤

1. 电烧伤的分类

（1）电接触烧伤。电接触烧伤是人体直接与带电导体接触的烧伤，可造成皮肤及其深部组织，如肌肉、神经、血管、骨骼等严重烧伤。

（2）电弧烧伤。当人体接近高压电时，在电源与人体间会发生电弧放电。电弧温度很高，虽然放电时间短，但会深度烧伤人体，甚至将人体躯干或四肢烧断。

（3）火焰烧伤。电弧或电火花使人衣服燃烧，从而烧伤人体，这种烧伤较浅，但烧伤面积较大。

2. 电烧伤的创面特点

(1) 外表皮肤损害面积不大，但内部损害严重，组织会发生凝固性坏死，即具有“口小底大，外浅内深”的特点。

(2) 有进口及多处出口，进口处创面大而深，出口处创面较小。

(3) 肌肉组织常呈跳跃式坏死，即夹心性坏死。

(4) 电流可造成血管壁内膜及肌层变性坏死和血管栓塞，从而引起继发性出血和组织的继发性坏死。

(5) 致残率高，平均截肢率约为30%。

3. 电烧伤的现场急救

(1) 首先让伤员脱离电源，然后进行伤情判断，检查伤员有无意识，有无呼吸和心跳，有无外伤，然后采取相应措施。

(2) 对心跳、呼吸停止者，应进行心肺复苏，要保护好烧伤创面，避免污染。在转送医院前应用消毒灭菌敷料或清洁衣物、被单等包裹创面。电烧伤的临床处理复杂，创面愈合时间长，并发症多，这给现场急救带来不少困难。在现场紧急救护之后要及时送往医院进行输液疗法等治疗。

七、心肺复苏法

呼吸和心脏跳动是人存活的基本特征，一旦呼吸停止，肌体则不能建立正常的气体交换而死亡。同样，心脏一旦停止跳动，机体则因血液循环中止、缺乏氧气和养料而丧失正常功能，也会死亡。在现场若发现伤员心跳和呼吸突然停止，则应采用现场心肺复苏法来进行抢救。只要抢救及时，复苏成功率还是很高的。

现场心肺复苏法就是根据伤员心跳和呼吸突然停止的不同情况，分别采取的一种支持心跳和呼吸的措施。一般心跳停止后必然随之呼吸停止，而呼吸停止后，心肌严重缺氧，心跳也就很快停止。因此，人工呼吸和胸外心脏按压需同时进行。在两者进行之前还必须清理伤员口腔异物、通畅气道。通畅气道、人工呼吸和胸外心脏按压是心肺复苏法支持生命的三项基本措施。

(一) 清理口腔异物

心肺复苏成功的关键是通畅气道。昏迷患者气道阻塞的最常见原因，是舌肌缺乏张力而松弛，舌根向后下坠堵塞气道，会厌堵住气道入口，造成上呼吸道阻塞，如图3-44所示。要对患者进行人工呼吸，就必须开放气道，使舌根抬起离开咽后壁。但在开放气道时，如已见到口内有异物或呕吐物，则应先将其清理掉。

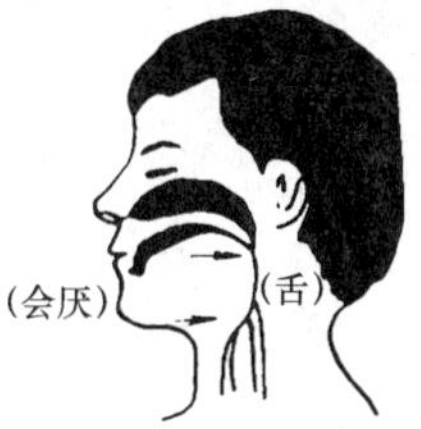

图3-44　舌和会厌阻塞气道示意图

1. 清理口腔异物

造成气道阻塞的原因除舌根坠入咽部外，还有在进食时，有大块食物、义齿（假牙）、呕吐物等异物进入气道口，造成部分或完全气道阻塞，这时可根据伤员清醒或昏迷状态作不同处理。

(1) 伤员清醒时气道阻塞的处理。

1) 强行咳嗽法。若伤员用手指抓住自己的脖子或指向咽喉部，则说明气道有部分阻塞，这时可让他尽量反复用力强行咳嗽，使异物慢慢移动而被咳出。

2）膈下腹部猛压法。让伤员站着或坐着，救护人站在他的背后，用手臂抱住伤员腰部，一手握拳，使拳头的拇指一边朝向伤员的腹部，位置在正中线脐眼的上方，另一只手紧握这一只手，快速向上猛压，拳头压向他的腹部，一次不行可多次猛压，如图 3-45 所示。

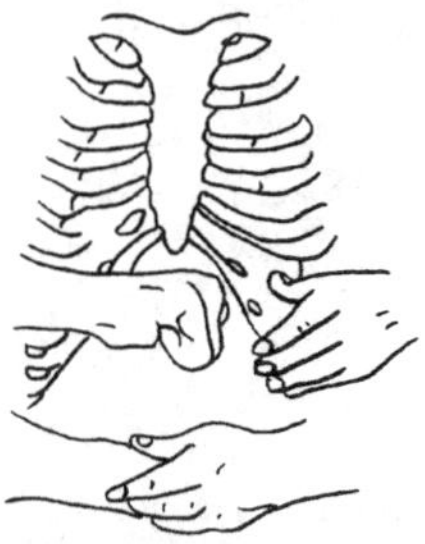

图 3-45　膈下腹部猛压法示意

图 3-46　立位胸部猛压法

3）立位胸部猛压法。立位胸部猛压法如图 3-46 所示。此法适用于肥胖人。其方法是让伤员立位，救护人站在其背后，两臂通过其腋窝下方，环抱伤员胸部，拳头拇指侧放在胸骨中部（注意离开剑突和肋弓边缘），然后救护人用另一手紧抓着拳头并向后猛压，直至异物排出。

（2）伤员昏迷时气道阻塞的处理。

1）手指清除异物法。如果已经看到伤员口腔内的异物，则应该迅速用两个手指交叉取出或用手指将异物钩出口腔。方法是，抢救者用拇指和其余手指握住伤员的舌和下颌，使口张开，然后将下颌骨和舌头一同上抬，同时将舌头从咽后部向外拉，将阻塞在咽部的异物拉到口腔内，这样可部分地解除阻塞，用另一手的手指沿口角部颊的内侧插入口腔，深达舌的根部，作钩取动作，使异物松动，落入口中取出，如图 3-47 所示。

2）腹部猛压法。使伤员仰卧位，抢救者跪在其大腿旁，一只手的掌根置放在正中线脐部稍上方，远离剑突；另一只手直接叠在第一只手上，用迅速向上的动作，猛压腹部，并从腹部的正中向上推，不能推向左侧或右侧，否则就难以达到排出异物的目的，如图 3-48 所示。

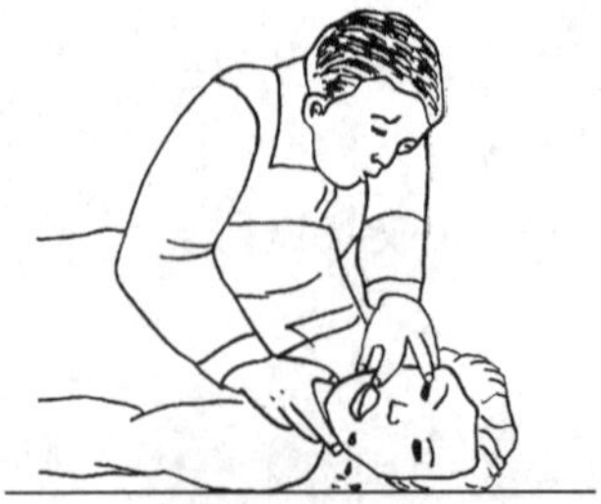

图 3-47　用手指清除异物

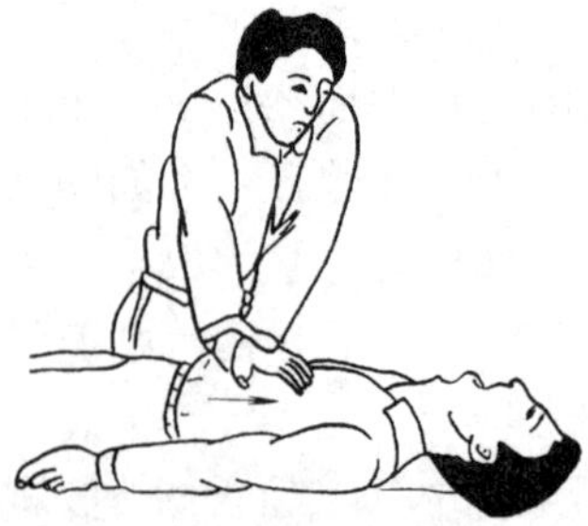

图 3-48　腹部猛压法

2. 通畅气道

异物从口腔清除掉后，即可进行通畅气道。其方法主要有以下两种：

（1）仰头抬颏法。这是简单、安全、易学和有效的一种方法。其方法是，将患者仰面躺平，救护人位于伤员肩部呈跪着，用一只手放在伤员前额上，手掌用力向后压；另一只手的手指放在颏下将其下颏骨向上抬起，两手协同使下面的牙齿接触到上面牙齿，从而将头后仰，舌根随之抬起，呼吸道即可通畅。但应注意：在抬颏时若将手指压向颈部软组织的深处，会阻塞气道。禁止用枕头或其他物品垫在伤员头下，否则头部抬高前倾，也会加重气道阻塞，如图 3 - 49 所示。

(2) 托颌法。此法对通畅气道也非常有效，由于托颌可不必使头后仰，因此对颈部有损伤者更适用。其方法是，将伤者仰面躺平，救护人跪在伤员的头部附近，两肘关节支撑在伤者仰卧的平面上，两手放在伤员的下颌两侧，以食指为主，用力将下颌角托起。在操作中，不得将头部从一侧转向另一侧或使头部后仰，以免加重颈椎部损伤，如图 3 - 50 所示。

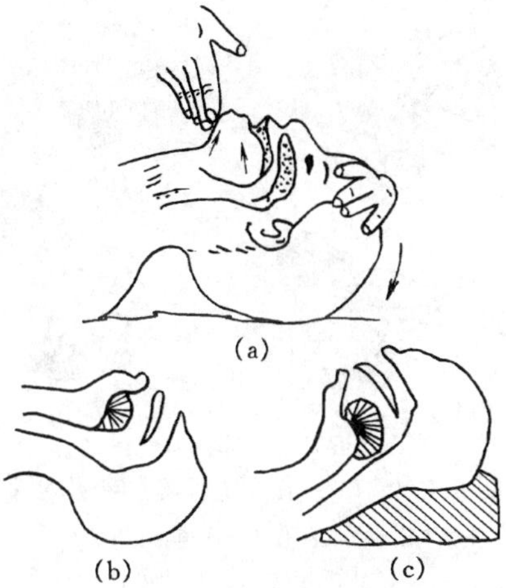

图 3 - 49　仰头抬颏法

(a) 仰头抬颏；(b) 气道通畅；(c) 气道阻塞

（二）人工呼吸

1. 口对口人工呼吸

口对口人工呼吸就是采用人工机械动作（救护人呼出的气通过伤员的口或鼻对其肺部进行充气以供给伤员氧气），使伤者肺部有节律地膨胀和收缩，以维持气体交换（吸入氧气、排出二氧化碳），并逐步恢复正常呼吸的过程，如图 3 - 51 所示。

图 3 - 50　托颌法

图 3 - 51　口对口人工呼吸法

(1) 准备工作。

1) 按上所述做好清理口腔异物、通畅呼吸道的工作。

2) 解开衣领扣、松开上身的紧身衣，解开裤带、摘下义齿（假牙），以使胸部能自由扩张。

3) 维持好现场秩序，以便抢救。

(2) 操作步骤。

1) 头部后仰。当上述准备工作完成后，让伤员头部尽量后仰、鼻孔朝天，避免舌下坠导致呼吸道梗阻，如图 3 - 52 (a) 所示。

2) 捏鼻掰嘴。救护人站在伤员头部的左（或右）边，用放在前额上的拇指和食指捏紧其鼻孔，以防止气体从伤员鼻孔逸出；另一只手的拇指和食指将其下颌拉向前下方，使嘴巴张开，准备接受吹气，如图 3 - 52 (b) 所示。

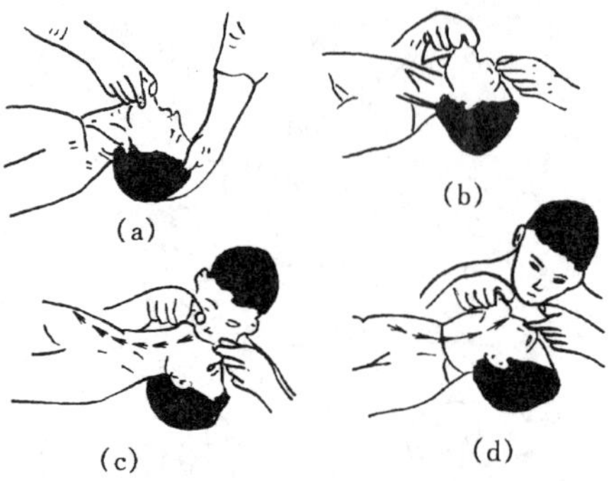

图 3-52 口对口人工呼吸的操作步骤
(a) 头部后仰；(b) 捏鼻掰嘴；
(c) 贴嘴吹气；(d) 放松换气

3）贴嘴吹气。救护人深吸一口气屏住，用自己的嘴唇包绕封住伤员的嘴，在不漏气的情况下，作两次大口吹气，每次 1～1.5s，同时观察伤员胸部起伏情况，以胸部略有起伏为宜，表示吹气适量，如图 3-52（c）所示。

4）放松换气。吹完气后，救护人的口立即离开伤员的口，头稍抬起，捏鼻子的手放松，让病人自动呼气，如图 3-52（d）所示。在吹完两口气后，每隔 5s 吹一次（吹 2s，放松 3s），依次不断，一直到伤员呼吸恢复正常。

（3）检查效果。

1）胸部有起伏则效果好，无起伏可能是气道有阻塞，应检查气道。

2）呼气时感到有气体逸出，效果为好。如果伤员牙关紧闭，不便做口对口人工呼吸时，则使用小木片或小金属片从其嘴角伸入牙缝慢慢撬开其嘴。

2. 口对鼻人工呼吸

伤员如有严重的下颌和嘴唇外伤、牙关紧闭、下颌骨折等，难以做到口对口密封时，可采用此法。其操作方法是：

（1）救护人用一只手放在伤员前额上使其头部后仰，用另一只手抬起伤员的下颌并使口闭合。

（2）救护人作一深吸气，用嘴唇包绕封住伤员鼻孔，并向鼻内吹气。

（3）救护人的口部移开，让伤员被动地将气呼出，依次反复进行；其他注意事项与口对口人工呼吸法相同。

（三）胸外心脏按压法

现场抢救危急伤员（呼吸停止、心跳停止）时，除开放气道、人工呼吸（救生呼吸）外，还必须使心脏搏出血液进行循环。

胸外心脏按压法就是采用人工机械的强制作用（即在胸外按压心脏），迫使心脏有节律地收缩，从而达到恢复心跳和血液循环，并逐步恢复正常的心脏跳动的方法。

胸外心脏按压法主要是有节奏地按压胸骨下半部，它可使胸腔内压力普遍增加，并对心脏产生直接压力，改善心、肺、脑和其他器官的血液循环。

1. 准备工作

（1）在进行胸外心脏按压前，应先测试颈动脉有无脉搏。如有脉搏，进行胸外按压就可能导致严重的并发症；如无脉搏，应在进行两次人工呼吸后立即进行胸外心脏按压。

（2）伤员应仰面平躺在平硬处（地面、地板或木板上），头部放平，如头部比心脏高，则会减小流向头部的血流量；下肢可抬高 30cm 左右，以帮助静脉回流。救护人跪在伤员的肩旁，两脚分开，准备按压。

2. 操作步骤

（1）确定胸外心脏按压的正确部位。按压部位的正确与否，是保证胸外心脏按压实施效果好坏的重要前提，并可防止胸肋骨骨折和各种并发症的发生。

1）找切迹。救护人靠近病人，手的食指和中指并拢，沿胸廓下方肋缘向上直达肋骨与胸骨接合处之处，沿线称为切迹，如图 3-53 所示。

2）正确按压部位。一只手的中指置于切迹顶部，剑突与胸骨接合处，食指紧挨着中指置于胸骨的下端，另一只手的掌根紧挨着食指放在胸骨上，掌根处即为正确的胸外按压部位，如图 3-54 所示。

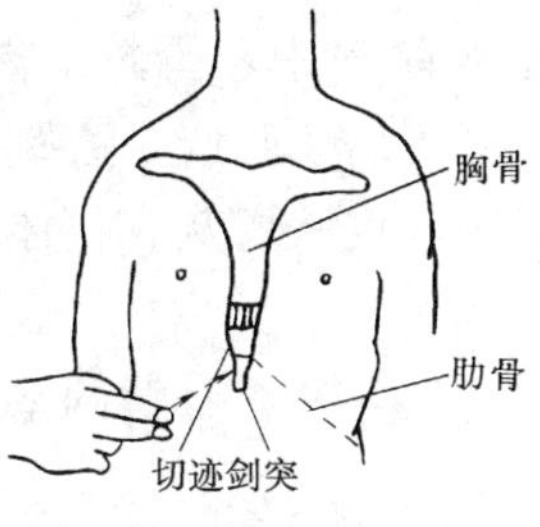

图 3-53　找切迹

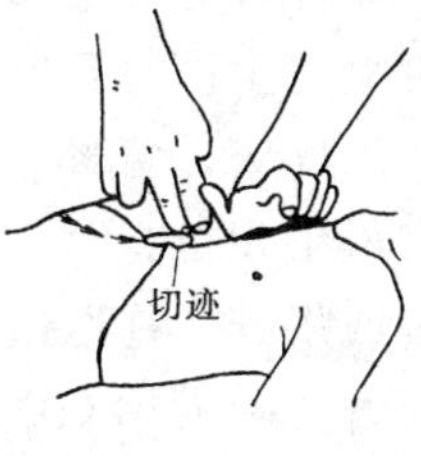

图 3-54　正确按压部位

（2）按压的正确姿势。

1）正确按压部位确定后，将第一只手从切迹处移开，叠放在另一只手的手背上，使两手相叠，以加强按压力量。

2）救护人跪在地面上，身体尽量靠近伤员；腰部稍弯曲，上身略向前倾，两臂刚好垂直于正确按压部位的上方，使压力每次均直接压向胸骨；肘关节要绷直不屈曲，手指翘起，离开胸壁和肋骨，只允许掌根接触按压部位，如图 3-55 所示。

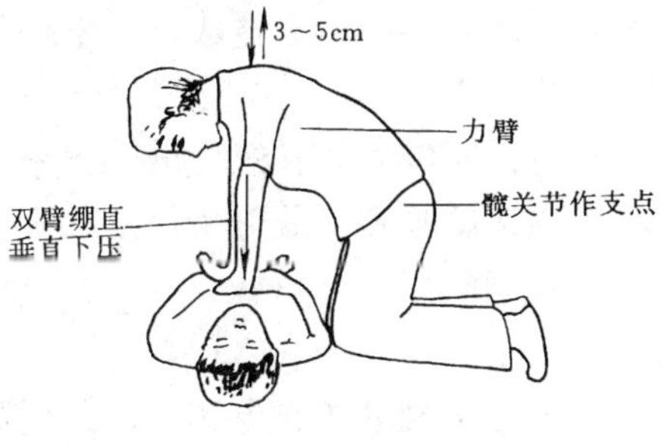

图 3-55　按压的正确姿势

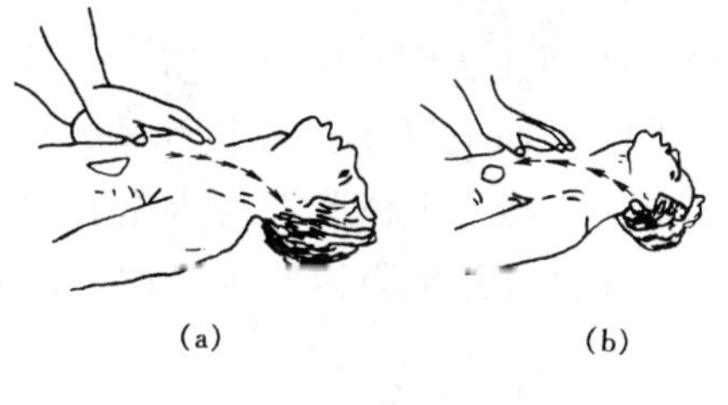

图 3-56　按压操作

(a) 向下按压；(b) 迅速放松

（3）进行按压。

1）操作时，利用上身的重量，以髋关节为活动支点，掌根用适当的力量冲击地垂直向下按压，如图 3-56（a）所示。

2）压陷的深度一般为 3～5cm，然后掌根要立即全部放松（但双手不要离开胸膛），以使胸部自动复位，让血液回流入心脏，如图 3-56（b）所示。

3）按压的速度以每分钟 80～100 次为宜，放松时间与按压时间相等，各占 50%。如按压时间长、放松时间短，就缩短了心脏舒张时间，影响血液回流。

（四）救护过程中的注意事项

（1）若伤员呼吸、心跳都停止了，则采用人工呼吸和胸外心脏按压交叉救护。其操作节奏为：单人抢救时，每按压 15 次后，吹气 2 次（15∶2），反复进行；双人抢救时，每按压

5次后，由另一人吹气（5∶1），反复进行。

（2）在抢救过程中，应用上述介绍的看、听、试的方法，在5～7s时间内，对伤员的呼吸和心跳是否恢复进行再判定。若判定颈动脉已有搏动但无呼吸，则暂停胸外心脏按压，可再进行两次口对口人工呼吸，接着每5s吹气一次。若判定脉搏和呼吸均未恢复，则继续用人工呼吸和胸外心脏按压法进行抢救。

（3）抢救应在现场就地坚持进行，不要为方便而随意移动伤员。只有在条件不允许时，才可将伤员抬到可靠地方进行急救。在将伤员移动和送往医院途中，抢救工作也不要中止，除非伤员呼吸和心跳完全恢复正常或者明显死亡。如抢救多时后，呼吸、心跳仍旧停止，瞳孔不缩小、对光照无反应，背部、四肢等部位出现红色尸斑，皮肤青灰、身体僵冷，且经医生确认死亡时，方可中止抢救。

（4）移动伤员或将其送往医院时，应使伤员平躺在担架上，并在其背部垫以平硬的宽木板，不得一人抱双臂、一人抬双腿抬着走。

（5）伤员好转初期，应严密监护，不能麻痹，随时准备再次抢救，以防心跳、呼吸在恢复的初期再次骤停，在此期间应让伤员安静休养。

（6）慎用急救药物。人工呼吸和胸外心脏按压应是现场急救的基本方法。对因电击心脏骤停的患者，现场急救中禁止使用肾上腺素等强心针。

小 结

电流对人体的伤害形式主要有电击和电伤两种。当人体直接接触带电体时，电流通过人体内部，伤害呼吸系统、心脏和神经系统。多数触电死亡事故是由电击造成的。电伤是指电流流经人体外部造成的局部创伤，严重时，也可导致人的死亡。

影响电流伤害程度的因素主要与电流大小、人体电阻、通电时间长短、电流频率、电压高低、电流途径、人体状况等因素有关。安全电压通过科学试验和事故分析得出，安全电压是以人体允许通过的电流与人体电阻的乘积来表示的。我国规定42、36、24、12、6V五个安全电压等级。

人体触电方式有单相触电、两相触电、跨步电压触电、接触电压触电、人体接近高压触电和雷击触电。防止人身触电的技术措施是采用保护接零或保护接地，同时还必须装设漏电保护装置，掌握触电急救方法。

各种安全用具是保障工作人员安全的专用工具和用具，是人们进行电气作业中必不可缺的。保证安全的组织措施包括工作票制度、工作许可制度、工作监护制度和工作间断、转移和终结制度四项。在电气设备上工作，保证安全的技术措施为停电、验电、装设接地线、悬挂标志牌和装设遮栏。

习 题

3-1　电流对人体伤害的程度与哪些因素有关？

3-2　什么叫安全电压？我国规定的安全电压等级有哪些？

3-3　什么叫保护接地？其适用范围是什么？

3-4　什么叫保护接零？其适用范围是什么？对接零装置有什么要求？

3-5　在高压电气设备上工作应完成哪些保证安全的组织措施和技术措施？

3-6　触电急救的基本原则是什么？

3-7　什么是口对口人工呼吸法和胸外心脏按压法？

3-8　漏电保护断路器的作用是什么？画图说明电流型漏电保护断路器的工作原理。

3-9　安全用具有何作用？如何分类？

实验　电流型漏电保护断路器的测试及安装试验

一、实验目的

（1）掌握漏电保护断路器的动作电流、返回电流的测试方法。

（2）掌握漏电保护断路器的安装要求及方法。

二、漏电保护断路器的动作特性试验

（1）家用漏电保护断路器试验电路按图3-57（a）、（b）接线。

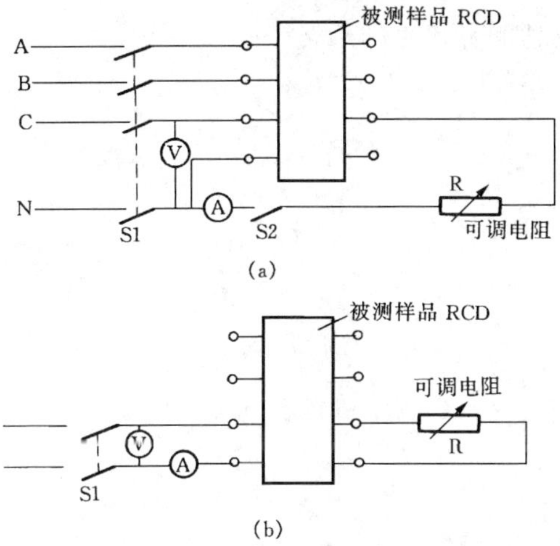

图3-57　家用漏电保护断路器试验电路
（a）接线一；（b）接线二

（2）试验项目。根据电源的形式，漏电保护断路器应按如下要求在每一级上连续进行5次试验。

1）漏电电流稳定增加时，动作电流值；

2）闭合漏电动作电流时，操作检验；

3）突然出现漏电电流时，动作时间测定。

（3）试验方法。试验是在电源电压80%～110%的额定电压范围内进行。

1）动作电流测试。试验线路选择图3-57（a）或图3-57（b），根据被试样品的型式而定。开关S1、S2处于接通状态，合上样品RCD，调节可调电阻R，使漏电电流逐渐地增加，从$0.2I_{\Delta N}$达到$I_{\Delta N}$，应在30s内完成。脱扣器动作时的漏电电流值即为额定漏电电流值。

2）动作时间检验。紧接着上述试验，开关S1、S2处于接通状态，由调节电阻R整定为额定漏电动作电流，闭合试验样品，测量分断时间。

紧接上述试验，开关S2和样品RCD处于接通状态，闭合S1，使之突然出现额定漏电动作电流值，测量漏电保护断路器动作时间。

三、漏电保护断路器的安装

（1）安装带有漏电保护断路器的TN系统分支级配电盘，如图3-58所示。

（2）安装单相家庭生活用电漏电保护断路器，如图3-59所示。

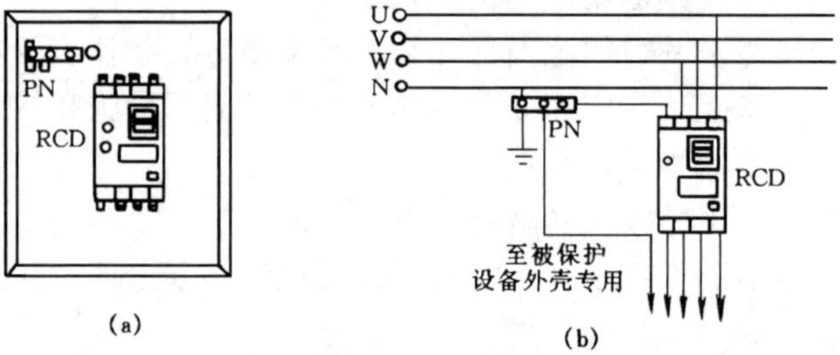

图 3-58　TN 系统中漏电保护断路器在分支级配电盘上的安装接线图
（a）位置图；（b）接线图

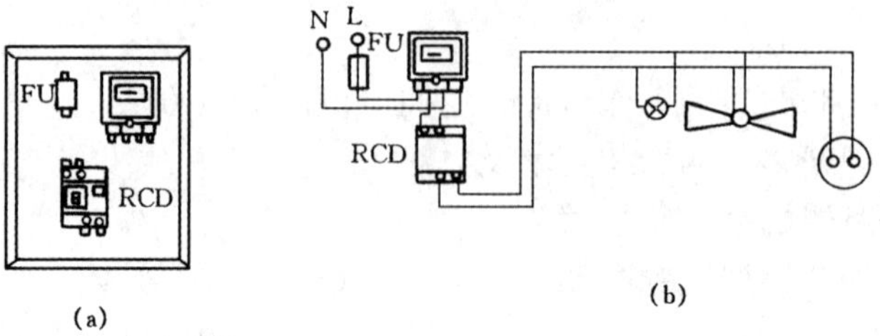

图 3-59　单相家庭生活用电漏电保护断路器的安装接线图
（a）位置图；（b）接线图

电气设备安全

课题一　电气设备的安全运行

教学要求

理解电气设备的基本安全要求，掌握安全距离的概念及有关规定，了解变压器、电容器、电动机、高低压开关设备、电气线路的安全要求及运行维护的有关内容。

一、电气设备的基本安全要求

电气设备在设计、制造和安装时，在安全技术上应满足如下要求：

（1）设备要采取保护性接地。

（2）低压电网要采用保护性接中性线。

（3）设备的带电部分对地和其他带电部分相互间必须保持一定的安全距离。

（4）对地面裸露的带电设备应采取可靠的防护措施。

（5）在电气设备系统和有关的工作场所装设安全标志。

（6）根据某些电气设备的特性和要求采取特殊的安全措施。

（一）保护性接地的作用和使用范围

当电气设备或装置发生绝缘击穿故障，其金属外壳（包括机座）对地会有一定的电压，工作人员接触到这些外壳时，将造成触电事故。防止这种触电事故发生的最可靠、最有效的办法是采取保护性接地，也就是通过接地导线和接地装置，将电气设备或装置的金属外壳与大地相连接。当设备的绝缘击穿时，电流通过接地装置流入大地，以使在电流通过的途径上，在设备的金属外壳部分与大地之间，可能同时被工作人员触及的任何两点间的电压（即接触电压或跨步电压）小于外壳对地的全部电压值，而且被限制到对人身没有危害的数值以下，这就是保护性接地的作用。

一般要求下列设备采取保护性接地：

（1）电机、变压器、照明器具、携带式或移动式用电器具等的底座和外壳。

（2）电气设备的传动装置。

（3）电流互感器和电压互感器的二次绕组（继电保护另有要求者除外）。

（4）配电盘与控制台的框架。

（5）交直流电力电缆接头盒、终端盒的金属外壳，电缆的金属外皮，穿线的钢管等。

（6）铠装控制电缆的外皮。

（7）非铠装或非金属护套电缆的1～2根屏蔽芯线。

（二）保护性接中性线（接零）

在380/220V三相四线制低压电网中，一般都采取中性点接地（工作接地）的运行方式。若中性点接地良好，将电气设备或装置的金属外壳与中性线连接，用以代替保护性接地的措施，称为保护性接中性线。在三相四线制系统中，若电气设备或装置的外壳不采取保护性接地措施，则在设备发生绝缘击穿，外壳带电（即一般所谓的碰壳）时，即使中性点接地良好，工作人员仍有触电的危险。

二、安全距离

（一）概述

安全距离是指在各种工况下，带电导体与附近接地的物体、地面、不同相带电导体以及工作人员之间，必须保持的最小距离或最小空气间隙。

安全距离主要是根据空气间隙的放电特性确定的。

一般在安全技术中考虑的电压形式，大体可分为以下三种：

（1）大气过电压。大气过电压也叫雷电过电压。大气过电压的数值可以用与相应的配电装置中所安装的避雷器残压对应的冲击放电电压值表示。

（2）内部过电压。内部过电压可分为操作过电压和动态过电压。动态过电压通常危险性不大。但当动态过电压与操作过电压同时出现时，过电压便能达到很高的幅值。

（3）长期的最大工作电压。长期的最大工作电压即电力系统中允许的最高运行电压，一般不超过额定值的110%。

表4-1是用1.5/40μs的标准雷电冲击波，120/6000μs的操作波和5000μs的工频波，在棒对板间隙进行试验所得的全伏秒放电特性。

表4-1　棒对板间隙的全伏秒放电特性

波　形（μs）	各种不同间隙的放电电压（kV）		
	间隙1.0m	间隙2.0m	间隙3.0m
1.5/40（标准雷冲击波）	510	1070	1940
120/6000（操作波）	380	660	880
5000（工频）	450	882	1250

通过间隙放电特性试验，可以得出一个在最大过电压情况下相对的最小空气间隙。规程中规定的安全距离就是以这个相对的最小空气放电间隙为基准来确定的。考虑到观测误差和其他各种可能的影响因素，在规定安全距离时需要增加适当的安全裕度。一般安全裕度在20%以上。

（二）电气专业规程中规定的安全距离

在电气专业规程中，根据工作需要规定了各种不同的安全距离。这些安全距离归纳起来主要有以下四个方面：

（1）设备带电部分至接地部分和设备不同相带电部分间的距离；

（2）设备带电部分至各种遮栏间的距离；

（3）无遮栏裸导体至地面间的距离；

（4）工作人员在进行设备维护检修时与设备带电部分间的距离。

1. 设备带电部分至接地部分和设备不同相带电部分间的距离

表 4 - 2 为规定的设备带电部分至接地部分间的距离，一般称为 A 值。它是根据过电压值推算出来的最基本的安全距离。其他安全距离大都是以这个距离为基数引申得来的。

表 4 - 2　　根据过电压值推算出来的安全距离 *A* 值

设备额定电压（kV）	1～3	6	10	35	60	110	220J	330J	500J
冲击耐压电压（kV）	42	57	75	185	320	520	900	1175	1370
安全距离 A（cm）	7.5	10	12.5	30	55	95	180	260	380

由于屋外条件比较差，对 110kV 及以下屋外设备的安全距离，考虑到基数比较小，故将安全裕度进一步加大，110kV 由 95cm 增到 100cm，60kV 由 55cm 增到 60cm，35kV 由 30cm 增到 40cm，10kV 及以下设备都增大到 20cm。

相间闪络所造成的后果比相对地闪络更为严重，为了防止相对地闪络发展成为相间闪络，一般将相间距离适当加大，在 10kV 及以上的电力系统中增大 10%左右，并取整数值。

表 4 - 3 为各种不同电压等级设备带电部分至接地部分的安全距离和不同相设备带电部分间的安全距离。

表 4 - 3　　各种不同电压等级的 *A* 值

设备额定电压（kV）		1～3	6	10	35	60	110	220J	330J	500J
带电部分至接地部分 A_1（cm）	屋内 A_{1N}	7.5	10	12.5	30	55	95	180	260	380
	屋外 A_{1W}	20	20	20	40	60	100	180	260	380
不同相的带电部分之间 A_2（cm）	屋内 A_{2N}	7.5	10	12.5	30	100				
	屋外 A_{2W}	20	20	20	40	60	110	200	280	420

2. 设备带电部分至各种遮栏间的距离

一般现场遮栏有栅栏、网状遮栏和板状遮栏三种，因此规定了五种设备带电部分至各种遮栏安全距离，见表 4 - 4 所列。

表 4 - 4　　设备带电部分至各种遮栏的距离 *B* 值

设备额定电压（kV）		1～3	6	10	35	60	110	220J	330J	500J
带电部分至栅栏 B_1（cm）	屋内 B_{1N}	82.5	85	87.5	105	130	170			
	屋外 B_{1W}	95	95	95	115	135	175	255	335	450
带电部分至网状遮栏 B_2（cm）	屋内 B_{2N}	17.5	20	22.5	40	65	105			
	屋外 B_{2W}	30	30	30	50	70	110	190	270	500
带电部分至板状遮栏 B_3（cm）	屋内 B_{3N}	10.5	13	15.5	33	58	98			

（1）设备带电部分至栅栏的距离 B_1。考虑到工作人员在栅栏外面活动时，手臂可能误伸进遮栏里面，而一般成人手臂平均长约 75cm；此外，在带电设备附近搬运物体时，物件摆动的幅度一般不大于 75cm，故规定 B_{1N}、B_{1W} 分别为

$$B_{1N}=A_{1N}+75(\text{cm})$$

$$B_{1W}=A_{1W}+75(\text{cm})$$

（2）设备带电部分至网状遮栏的距离 B_2。考虑到在制作网状遮栏时可能有纤维或编织物伸入网内，在安装时也可能产生误差，工作人员在维护时有可能将手指误伸入网内。一般施工误差不超过 3cm，成人手指长约 7cm，故规定 B_{2N}、B_{2W} 分别为

$$B_{2N} = A_{1N} + (3+7) = A_{1N} + 10(\text{cm})$$

$$B_{2W} = A_{1W} + 10(\text{cm})$$

（3）带电部分至板状遮栏的距离 B_3。考虑到在安装时可能产生的施工误差一般不超过 3cm，故规定 B_{3N} 为

$$B_{3N} = A_{1N} + 3(\text{cm})$$

3. 无遮栏裸导体至地面间的距离 C

无遮栏裸导体至地面间的距离 C 见表 4-5 所列。考虑到工作人员站在地面举手后的高度，一般约为 230cm。屋外变电站地面施工时可能会有一定的坡度、不够平整或冬季积雪使地面升高，故对屋外设备再增加 20cm 的安全裕度，规定为

$$C_N = A_{1N} + 230(\text{cm})$$

$$C_W = A_{1W} + 250(\text{cm})$$

表 4-5　无遮栏裸导体至地面间的距离 C 值

设备额定电压（kV）		1～3	6	10	35	60	110	220J	330J	500J
无遮栏裸导体至地面间的距离 C（cm）	屋内 C_N	237.55	240	242.5	260	285	325			
	屋外 C_W	270	270	270	290	310	350	430	510	750

4. 屋内出线套管至屋外通道路面的距离 E

由于配电室外通道上经常有载重汽车通过，车厢中工作人员举手的高度一般不大于 350cm，故规定 E 为

$$E = A_{1N} + 350(\text{cm})$$

规定一般 35kV 及以下的设备的 E 值为 400cm，60kV 为 450cm，110～220kV 为 500cm，其他设备按上式计算后进位取整数值。

5. 工作人员在设备维护检修时与设备带电部分间的距离

该安全距离根据工作性质规定了三种，见表 4-6。

表 4-6　工作人员在设备维护检修时与设备带电部分间的距离 D 值

设备额定电压（kV）	10 及以下	20～35	44	60	110	154	220	330
设备不停电时的安全距离 D_1（cm）	70	100	120	150	150	200	300	400
工作中正常活动范围与带电设备的安全距离 D_2（cm）	35	60	90	150	150	200	300	400
带电作业时人体与带电导体的安全距离 D_3（cm）	40	60	60	70	100	140	180	260

（1）设备不停电进行一般性维护检查时的安全距离 D_1。一般性维护检查由于没有遮栏

的限制，安全裕度较 A 值加大。安全规程中的数值是根据工作的安全要求将 A 值增大 60～130cm 而得到的。

（2）在高压电气设备部分停电检修时的安全距离 D_2。在检修工作展开后，检修人员需要有一较大的活动范围，故规定了一个基本的安全距离 D_2。

工作人员在检修时使用工具的活动范围，在室内不超过 180cm，室外不超过 200cm，规定不同时停电检修的无遮栏裸导体间的水平距离为：

屋内　　$D_{2N}=A_{1N}+180$（cm）

屋外　　$D_{2W}=A_{1W}+200$（cm）

（3）带电作业时人体与带电导体间的安全距离 D_3。在确定该安全距离时，安全裕度可以较前面所述的几种情况适当小一些。下列几种情况规定的安全距离为：

（1）电气设备的套管和绝缘子最低绝缘部位对地距离，屋外不小于 250cm，屋内不小于 230cm。

（2）围栏向上延伸，在屋内距地面 230cm 处，在屋外距地面 250cm 处，与围栏上方带电部分的距离，分别不小于表 4-3 中的 A_{1N} 和 A_{1W} 值。

（3）设备运输时，其外廓至无遮栏裸导体间的距离，不小于表 4-4 中的 B_1 值。

（4）不同时停电检修的无遮栏导体间的垂直交叉距离，不小于表 4-4 中的 B_1 值。

（5）带电部分至建筑物和围墙顶部的距离，不小于表 4-6 中的 D_2 值。

（6）海拔超过 1000m 时，表 4-3 中的 A 值，按每升高 100m 增大 1%进行修正。

根据上述各种安全距离，配电装置的布置，屋内设备应符合图 4-1 要求，屋外设备应符合图 4-2 要求。

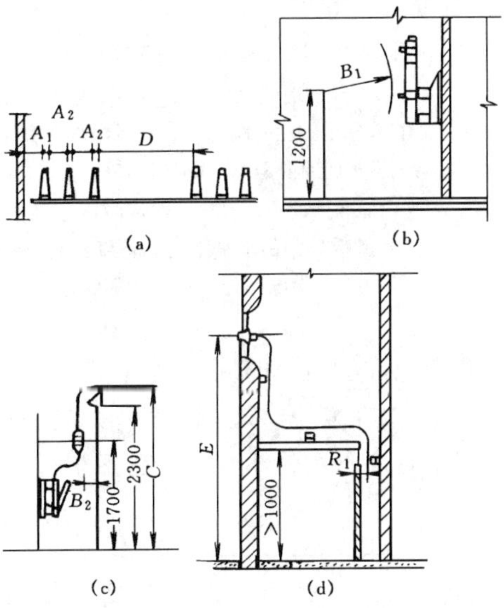

图 4-1　屋内配电装置安全距离示意图

（a）带电部分至接地部分和不同相的带电部分之间和不同时停电检修的无遮栏裸导体间的水平距离；（b）带电部分至栅栏的距离；（c）带电部分至网状遮栏和无遮栏裸导体至地面的距离；（d）带电部分至板状遮栏和分线套管至屋外通道路面的距离

三、变压器的安全要求及运行维护

（一）变压器在运行中的要求

（1）音响正常无杂音；

（2）无严重漏油现象，油位及油色正常；

（3）油温不能超过允许值；

（4）注意影响变压器温度的因素；

（5）变压器的外壳接地必须良好；

（6）变压器套管应保持完整及清洁，无裂纹、破损及放电痕迹。

（二）变压器运行方式的要求

1. 允许温度

变压器正常运行时，不允许超过绝缘的允许温度。

变压器一般均采用 A 级绝缘材料。油浸式变压器绕组绝缘最热点温度为 98℃以下时，变压器具有正常使用寿命，约 20～30 年。

规定油浸式变压器运行中的容许温度按上层油温来检验。上层油温对自然油循环自冷、

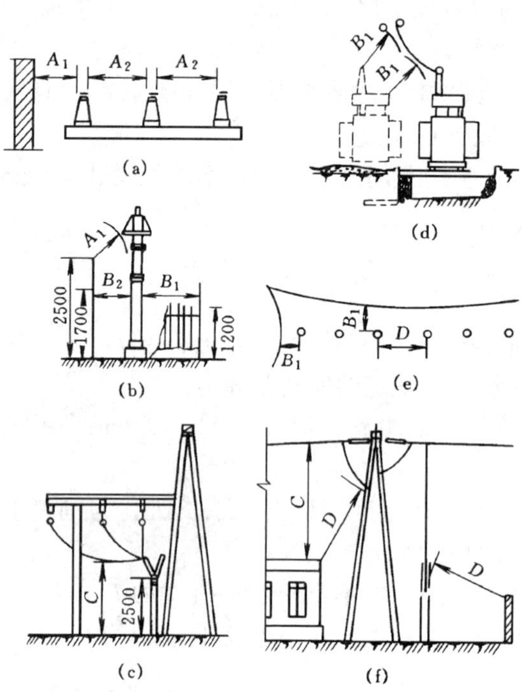

图 4 - 2　屋外配电装置安全距离示意图
（a）带电部分至接地部分和不同相的带电部分之间的距离；（b）带电部分至围栏的距离；（c）带电部分和绝缘了最低绝缘部位对地面的距离；（d）设备运输时，其外廓至无遮栏裸导体的距离；（e）不同时停电检修的无遮栏裸导体间的水平距离和垂直交叉距离；（f）带电部分至建筑物间的距离

风冷的变压器，不宜经常超过 85℃，对强油导向风冷式变压器最高不得超过 80℃，对强迫油循环水冷变压器最高不得超过 75℃。

2．允许温升

变压器温度与周围介质温度的差值叫做变压器的温升。变压器在额定负荷时规定的各部分的温升就是变压器的允许温升。对 A 级绝缘的变压器，当最高周围空气温度为 40℃时，绕组的温升为 65℃。

规定上层油温的允许温升，采用 A 级绝缘的变压器，当最高周围空气温度为 40℃时，上层油的允许温升为 55℃。

这样，不管周围空气温度如何变化，只要上层油温及其温升不超过规定值，就能保证变压器在规定的使用年限内安全运行。

3．允许过负荷

（1）正常过负荷。对于自然冷却或风冷的油浸式电力变压器，正常过负荷的允许数值和允许时间规定如下：

1）如果变压器的昼夜负荷率小于 1，在高峰负荷期间变压器的允许过负荷倍数和允许的持续时间见表 4 - 7。

2）如果在夏季（6、7、8 月），根据变压器的典型负荷曲线，其最高负荷低于变压器的额定容量时，若每低 1%，可在冬季过负荷 1%，但以 15%为限。

表 4 - 7　过负荷倍数与允许持续时间

过负荷倍数	过负荷前上层油的温升（℃）为下列数值时允许的过负荷持续时间（h：min）						
	18	24	30	36	42	48	54
1.05	5：50	5：25	4：50	4：00	3：00	1：30	—
1.10	3：50	3：25	2：50	2：10	1：25	0：10	—
1.15	2：50	2：25	1：50	1：20	0：35	—	—
1.20	2：05	1：40	1：15	0：45	—	—	—
1.25	1：35	1：15	0：50	0：25	—	—	—
1.30	1：10	0：50	0：30	—	—	—	—
1.35	0：55	0：35	0：15	—	—	—	—
1.40	0：40	0：25	—	—	—	—	—
1.45	0：25	0：10	—	—	—	—	—
1.50	0：15	—	—	—	—	—	—

以上两种正常过负荷的规定，可以叠加使用，但过负荷总数对油浸自冷和油浸风冷变压器不超过30%；对强迫冷却变压器不超过20%。

油浸风冷变压器在风扇停止工作时的允许负荷和持续时间应遵守制造厂的规定；无规定时，在额定冷却空气温度下风扇停止工作时，允许带额定负荷的70%。

（2）事故过负荷。事故过负荷造成的温升对绝缘会带来一定影响，但考虑到事故时保证对负荷的供电乃是更为主要的，事故的机会很少，其延续时间又不会太长，所以事故过负荷如将其限制在一定时间内，则对绝缘的损坏也不会严重。

变压器事故过负荷的允许值应遵守制造厂的规定，也可参照表4-8及表4-9执行。

表4-8　自然油循环冷却变压器事故过负荷及允许持续时间

过负荷倍数	环境温度（℃）下的允许持续时间（h：min）				
	0	10	20	30	40
1.1	24：00	24：00	24：00	19：00	7：00
1.2	24：00	24：00	13：00	5：50	2：45
1.3	23：00	10：00	5：30	3：00	1：30
1.4	8：00	5：10	3：10	1：45	0：55
1.5	4：00	3：10	2：10	1：10	0：35
1.6	3：00	2：05	1：20	0：45	0：18
1.7	2：00	1：25	0：55	0：25	0：09
1.8	1：30	1：00	0：30	0：13	0：06
1.9	1：00	0：35	0：18	0：09	0：05
2.0	0：40	0：22	0：11	0：08	

表4-9　强迫油循环冷却变压器事故过负荷及允许持续时间

过负荷倍数	环境温度（℃）下的允许持续时间（h：min）				
	0	10	20	30	40
1.1	24：00	24：00	24：00	14：30	5：10
1.2	24：00	21：00	8：00	3：30	1：35
1.3	11：00	5：10	2：45	1：30	0：45
1.4	3：30	2：10	1：20	0：45	0：15
1.5	1：50	1：10	0：40	0：16	0：07
1.6	1：00	0：35	0：16	0：08	0：05
1.7	0：35	0：15	0：09	0：05	

4. 允许的不平衡电流和电压变动范围

三相四线式配电变压器，中性线电流不得超过低压绕组额定电流的25%，否则应调整负荷。

变压器电源电压变动范围应在其所接分接头额定电压的±5%范围内，额定容量保持不变。即当电压升高5%时，额定电流应降低5%；当电压降低5%时，额定电流许可升高5%。

变压器电源电压最高不得超过额定电压的10%。

5. 允许的短路电流

短路电流的稳定值应不超过额定电流的25倍，如超过时应采取限制措施。

6. 动稳定

在运行条件下，变压器任一分接头位置都应能承受由于绕组端突然发生的短路而产生的电动力。

7. 热稳定

在运行条件下，变压器任一分接头位置都应能承受任何线圈的线端短路所产生的热作用。

8. 绝缘电阻允许值

变压器绕组绝缘电阻在允许值范围内方可投入运行。如果在运行期间，发现绝缘电阻值较同一油温下的最初值降低30%时，则应进行处理。

（三）变压器的运行维护

1. 变压器的合闸与拉闸操作

变压器在合闸前，特别是在检修工作后恢复送电以前，值班人员应详细地检查。经初步检查后，再测定变压器的绝缘电阻。如测得的绝缘电阻值低于规定值，应由技术负责人根据变压器状况决定是否可以投入运行。

在合上变压器的隔离开关前，应先检查变压器断路器的传动机构，再用断路器使变压器投入运行。

变压器合闸和拉闸应遵守倒闸操作原则。

2. 变压器运行维护与检查

应根据控制盘上的仪表监视变压器的运行，其指示仪表应每小时记录一次，如变压器在满负荷下运行，至少每半小时记录一次。如变压器的表计不在控制室，每班至少记录两次。无人值班的变电站，每当巡视变压器时，应记录一次。

运行中的变压器，应每月进行一次不停电的外部检查。如有配电值班人员，则每日检查一次，每星期还应有一次夜间检查，了解和掌握变压器的运行状态，并按检查项目做好记录。

外部检查电容项目为：

（1）查看储油柜的油色、油面高度及有无漏油，并记录油温。

（2）检查变压器上层油温。

（3）检查套管是否清洁、有无裂纹及放电痕迹等。

（4）检查变压器响声。

（5）检查母线连接及电缆有无异常情况。

四、电力电容器的安全要求及运行维护

（一）电力电容器的安装要求

（1）电力电容器的安装场所应考虑环境的最低和最高温度，一般周围空气温度在－40～40℃之间。

（2）电力电容器应安装在无腐蚀性蒸气和气体、不受雨雪灰尘等侵袭及通风良好的房屋内，要防止日光直射，屋内相对湿度不得超过80%。

（3）为保证电力电容器安全运行，每组电力电容器上应装设熔断器保护。

（4）电力电容器室应考虑安装散热装置，通风应良好。

（5）用单相电力电容器组成三相电力电容器组时，三相容量应接近平衡，其误差不应超过容量的5%。

（6）电力电容器的外壳和金属支架均应有良好的接地。

（二）电力电容器投入运行前的准备工作

电力电容器投入运行前应完好，试验合格；布线正确，安装符合要求；三相电力电容器两相间的差值不得超过一相电容量的5%；放电电阻容量符合要求，各部件完好；保护和监视回路完整；电容器柜的断路器应在断开位置；绝缘电阻测试符合标准。

（三）电力电容器运行维护

1. 电容器组的操作

（1）当全站（所）停电时，应先拉开电容器开关，后拉开各出线开关，送电时相反。事故情况下，全站（所）无电后必须将电容器拉开。

（2）电容器开关跳闸或熔断器熔断后不可强送电。

（3）电容器组切除3min后才可合闸。

2. 电力电容器的维护和检查

（1）外观检查。对运行中的电力电容器组，每天应进行一次外观检查。

（2）温度检查。在周围空气温度为40℃时，电力电容器外壳温度不超过55℃。

（3）电流值检查。电力电容器应在额定电流下运行，但亦允许电流适当升高运行，然而该电流的数值不应超过额定电流的1.3倍。

（4）清扫工作。清扫电力电容器的套管表面、外壳、构架及其他附属设备上的灰尘或不洁物。

（5）电压值检查。电力电容器应在额定电压下运行，运行电压不得超过额定值的1.05倍，但亦允许在额定电压的1.1倍下运行4h。

（6）接触部位检查。仔细检查电力电容器组电气线路所有接触处的可靠性。

（7）保护装置检查。定期对熔断器件进行检查。检查继电保护动作和掉牌指示。

（8）放电装置检查。三相指示灯或放电电压互感器的二次信号灯应正常显示。

（9）渗油检查。

五、电动机的安全要求及运行维护

（一）电动机正常运行方式

1. 允许温度与允许温升

在正常条件下运行的电动机，特别是小容量的电动机，大部分采用“A”级绝缘材料，而供特殊条件下运行的大型及高压电动机，通常采用B、E、F级绝缘材料。

电动机绕组和铁心的最高监视温度，应执行制造厂的规定。在任何运行条件下均不得超出此温度。

电动机的允许温升是指各部最高允许温度与额定冷却空气温度之差，额定冷却空气温度一般为35℃。

2. 冷却空气对电动机输出功率的影响

当冷却空气在额定温度时，电动机可以在频率、电压正常的情况下满负荷长期运行。当冷却空气温度高于额定温度时，电动机的输出功率就应该降低；低于额定温度时，其输出功率许可升高。

如周围空气温度超过35℃，电动机额定电流可按表4-10降低；如周围空气温度低于35℃，电动机额定电流可按表4-11增大。

冷却空气温度低于25℃时，定子电流增加不得大于额定电流的8%。

3. 电动机电压的容许变化范围

（1）电动机可以在额定电压变动−5%～10%的范围内运行，其额定输出功率不变。

（2）电动机在电压较额定值高时的运行情况，比在电压较额定值低时的运行情况好。

表 4-10 电动机额定电流的降低值

周围空气温度（℃）	电流降低（%）
35	0
40	5
45	10
50	15

表 4-11 电动机额定电流的增大值

周围空气温度（℃）	电流增大（%）
30	5
25 以下	8

（3）运行中应检查电源电压的不平衡，并设法消除。电动机在额定输出功率运行时，相间电压的不平衡，不得超过 5%；定子各相不平衡电流，不得超过额定电流的 10%，其最大相不得超过额定电流。

4. 电动机的振动

不同转数的电动机，容许的振动范围不同。振动过大会损坏电动机的机械部分及引起电动机的事故。

5. 绕组绝缘电阻的容许值

电动机绝缘电阻的标准，一般按高压电动机每千伏工作电压不低于 1MΩ，低压电动机和绕线电动机转子不低于 0.5MΩ。高压电动机的绕组的绝缘电阻值较以前同样情况下（温度、气候相同并使用同一绝缘电阻表）降低 1/3～1/5 以上时，则认为不合格。

（二）电动机操作及运行中的维护

1. 电动机的起动

新投入运行或检修后的电动机，起动前应收回全部工作票，拆除一切安全措施，测量绝缘电阻；在合闸前应进行外部检查，检查工作应由负责电动机起动和运行的人员进行。

外部检查的项目如下：

（1）检查电动机外壳接地线及各部件螺钉是否牢固完整，电缆接引是否良好，联轴器、安全罩、端线盒是否牢固。

（2）电动机上或其附近有无杂物和有无工作人员工作。

（3）检查电动机所带机械是否已准备好。

（4）检查轴承中和起动装置中是否有油，油色是否透明，油盖是否紧固，并检查油面，如系强油循环润滑，则应使油系统投入运行；轴承用水冷却者，则应打开冷却水；装有通风机的电动机应将通风机投入。

（5）检查起动装置。注意滑环的接触面和电刷在滑环上是否紧密，起动电阻器状态和滑环短接用具的状态。

（6）确认通风道无杂物，冷却器不漏水，出入口风门开启良好。

（7）证实转子与定子不相摩擦，被它所带动的机械也没有故障。

电动机送电前应进行开关拉合闸及事故按钮跳闸试验，检修调试后的二次回路应作保护跳闸及联动试验。

双速电动机不允许将高、低速开关同时合上，正常起动方式为低速起动。

起动电动机时，机组运行人员应按电流表监视起动过程；起动结束后，应按电流表检查电动机的电流是否超过额定值，并在必要时根据具体情况对电动机本身进行检查。

2. 对电动机进行的监视与检查

电动机运行中的监视，由使用该电动机所带动机械的值班人员担任。如电气值班人员发现电动机运行不正常时，只有通过该机组的值班人员和该机组所属部门的值班长，才能更改电动机的运行方式。

电动机运行时，值班人员应监视与检查下列各项：

(1) 监视电动机的电流是否超过允许值。

(2) 注意轴承的润滑是否正常，同时注意检查轴承温度。

(3) 注意电动机的音响有无异常，有无振动。

(4) 观察滑环上是否有火花；刷子引线是否完整，接触是否严密，有无接地现象；刷子及滑环表面是否清洁光滑。

(5) 注意电动机及其周围的温度，保持电动机周围清洁。

(6) 保持空气管路清洁，不使其阻塞，注意各连接处是否严密，空气管路中闸门的位置是否正常。

(7) 按现场规定的时间记录电动机表计的指示，记录电动机起动和停止的时间及其原因，应记录发现的一切异常现象。

(8) 检查电缆头有无漏油、过热现象；接地线是否牢固，是否无脱落及断裂现象。

3. 整流子、滑环及电刷的维护

直流机重点在于检查、维护整流子、滑环及电刷。

整流子、滑环与电刷的维护工作要注意安全，工作时应注意避免将衣物带入转动部分内，要穿绝缘鞋及站在绝缘垫上进行。

定期检查的内容应包括下列各项：

(1) 整流子和滑环上的电刷是否冒火花；

(2) 电刷上的压力是否适当，电刷在刷握内有无晃动和卡住现象；

(3) 电刷软导线是否完整，接触是否紧密，是否有和外壳短路的现象；

(4) 电刷边丝是否有磨坏、过多剥落的现象，电刷是否磨得过短；

(5) 电刷是否因滑环磨损、电刷固定太松、电动机振动等原因而振动。

值班人员还应注意滑环、电刷等的防尘罩是否封闭严密，刷握和刷架上有无积灰。

六、电力线路的安全要求及运行维护

(一) 架空线路在运行中的巡视和检查

架空线路在运行时，采取定期巡视和检查的方法来监视线路的运行状况及周围环境的变化，确保架空线路的安全运行。

架空线路的巡视，根据工作性质和任务以及规定的时间和参加人员的不同，分为定期巡视和不定期巡视。不定期巡视又分为特殊巡视、夜间巡视及故障巡视。

1. 定期巡视

对架空线路的日巡视，每月至少一次。其巡视内容如下：

(1) 沿线情况；

(2) 杆塔；

(3) 导线及架空地线；

（4）导线、架空地线的固定与连接处；

（5）防雷及接地装置；

（6）拉线；

（7）变压器台；

（8）灯塔。

2. 不定期巡视

为查明架空线路上引起各种事故的隐患，防止事故发生，还要进行如下不定期巡视：

（1）特殊巡视。如发生自然灾害时进行的巡视。在架空导线结冰、大雾、粘雪、冰雹、洪水、大风、解冻等季节性气候剧变以及森林失火、地震后，需要立即对全线路或线路的某段进行特殊巡视。

（2）故障巡视。当线路发生故障后，应根据电力调度命令，进行故障巡视，查明线路故障及跳闸原因，找出故障地点；发现与故障有关的物件和可疑物体时，都应收集起来，并应对故障点周围情况做好记录，以便作为分析事故的依据。

（3）夜间巡视。夜间巡视一般半年一次，应选在高峰负荷时期进行，巡视时应选在没有月光的夜间进行，主要检查导线连接点有无烧红、绝缘子有无闪络、开关接触是否严密和有无放电等现象。

（二）电缆的允许运行方式

1. 电缆的绝缘电阻值

电缆投入运行前应测量绝缘电阻，测得的值应符合试验规程的规定，方允许投入运行。

2. 电缆运行中的允许电压

电缆在运行中的允许电压不应超过额定电压的15%。

3. 电缆的最高允许温度

电缆应按制造厂规定的最高允许温度下运行，才能保证供电的安全。

4. 电缆的长期允许负荷

电缆在正常运行中，应在额定负荷下运行，但在必要时也可以按长期允许负荷运行。夏天的长期允许负荷小，而冬天的长期允许负荷大。

5. 电缆的短时过负荷

利用导体尚未达到最高允许温度前的一段时间，可使电缆短期过负荷。电缆允许过负荷的百分率按当时运行情况确定；电缆容许过负荷的规定时间终了后，应立即恢复至正常的额定负荷运行。

（三）电缆运行中的维护和检查

1. 电缆运行的监视和检查

（1）线路巡视；

（2）耐压试验；

（3）负荷测量；

（4）温度检查；

（5）防止腐蚀。

2. 电缆线路的维护

（1）户内、外电缆及终端头的维护；

（2）壕沟电缆的维护；
（3）隧道和沟道电缆的维护；
（4）充油电缆的维护；
（5）地面分支箱的检查。

七、开关设备的安全要求及运行维护

（一）断路器的安全要求及运行维护

1. 对断路器正常运行时的要求

（1）正常运行时，断路器的工作电流、最大工作电压及断流容量不得超过铭牌额定值；
（2）要有明显的分合闸标志；
（3）明确断路器断开的短路次数，以便很快地决定计划外的检修；
（4）禁止将有拒绝跳闸缺陷或严重缺油、漏油等异常情况的断路器投入运行；
（5）在检查断路器时，配电值班人员应注意辅助触点的状态；
（6）检查断路器合闸的同时性；
（7）少油断路器外壳均带有工作电压，运行中值班人员不得打开门或网状遮栏，严禁接近带电部分；
（8）对采用空气操作的断路器，其气压应保持在允许的调整范围内；
（9）多油断路器的油箱或外壳应有可靠的接地。

2. 对断路器操作回路的要求

（1）操动机构的合闸和跳闸线圈不能长时间通电；
（2）能自动跳闸和合闸；
（3）断路器辅助触点应比其他触点断开得早；
（4）操作回路应有位置信号装置；
（5）操作回路中应有自动操作信号；
（6）在操作电路中应装设防止断路器“跳跃”的闭锁装置；
（7）操作回路中应装设熔断器。

3. 对运行中的断路器的维护和检查

断路器在运行中的检查项目有：
（1）油位检查；
（2）油位计检查；
（3）油色的外貌检查；
（4）断路器渗油、漏油的检查和处理；
（5）断路器触头的检查和处理；
（6）断路器操动机构的检查；
（7）检查断路器瓷瓶、套管；
（8）在夜间检查断路器有无放电及电晕现象。

（二）隔离开关的安全要求及运行维护

1. 对隔离开关正常运行时的要求

（1）所用隔离开关的电压等级及容量应符合使用条件；
（2）在开断状态时，隔离开关动、静触头之间开距应符合要求，并易于观察其明显的分断状态；

（3）隔离开关应具备闭锁装置；

（4）三级联动隔离开关，三相同期误差不得大于5mm；

（5）隔离开关合闸时，接触应良好。

2. 对运行中的隔离开关的维护

（1）隔离开关在运行中的监视；

（2）隔离开关在运行中的检查。

课题二 电气设备运行管理

教学要求

了解电气设备运行管理的有关技术要求及管理制度。

一、倒闸操作安全技术

倒闸操作主要是指拉开或合上某些断路器和隔离开关，拉开或合上某些直流操作回路，切除或投入某些继电保护装置和自动装置或改变其整定值，拆除或装设临时接地线及检查设备的绝缘的操作。

当电气设备由一种状态转换到另一种状态或改变系统的运行方式时，需要一系列的倒闸操作才能完成。电气倒闸操作是直接改变电气设备的运行方式和运行状态的，因而是一件既重要又复杂的工作。若发生误操作事故，可能会导致设备的损失、危及人身的安全及造成大面积停电，给国民经济带来巨大损失。

上述情况表明，发生误操作事故时，危害性极大，所以必须采取有效的措施加以预防。这些措施包括组织和技术两个方面，以确保设备能安全运行。

组织措施是指电气运行人员必须要树立高度的工作责任感和牢固的安全思想，认真执行操作票制度和监护制度等。

技术措施是指采用在断路器和隔离开关之间装设机械或电气闭锁装置。

运行经验证明，上述组织措施和技术措施如果执行得好，对于防止发生误操作事故是有很大作用的。

（一）倒闸操作顺序的技术要求

断路器具有接通及断开负荷电流和切断短路电流的能力，故用它接通和断开有负荷的电路。而隔离开关通常不能切断负荷电流。因此，在一般情况下，将断路器作为操作设备，而隔离开关不作为操作设备，仅作为设备检修时隔离电源之用。

为了减少和避免因断路器未断开或未合好而引起带负荷拉、合隔离开关，倒闸操作的中心环节和基本原则是不能带负荷拉、合隔离开关。因此，在倒闸操作时，应遵循下列具体原则：

（1）在分合闸时，必须用断路器接通或断开负荷电流及短路电流，绝对禁止用隔离开关接通或断开负荷电流。

（2）在合闸时，应先从电源侧进行，在检查断路器确在断开位置后，先合上母线侧隔离开关后合上负荷侧隔离开关，再合上断路器。这是因为在线路合闸送电时，有可能断路器在合闸位置未查出，若先合线路侧隔离开关，后合母线侧隔离开关，则带负荷合隔离开关时，在隔离开关触头间产生强烈电弧，会损坏设备，甚至引起母线短路，从而影响其他设备的安全运行。如先合母线侧隔离开关，后合线路侧隔离开关，虽是同样带负荷合隔离开关，但由于线路断路器继电保护动作，自动跳闸，隔离故障点，不致影响其他设备的安全运行。同时，线路侧隔离开关检修较简单，且只需停一条线路，而检修母线侧隔离开关时，必须停用母线，影响范围大。

（3）在拉闸时，应先从负荷侧进行，拉开断路器后，检查断路器确在断开位置，然后再拉开负荷侧隔离开关，最后拉开电源侧隔离开关。对两侧具有断路器的变压器而言，在停电时，应先从负荷侧进行，先断开负荷侧断路器，切断负荷电流，后断开电源侧断路器，只切断变压器空载电流。

（4）在倒母线时，隔离开关的拉合步骤是先逐一合上需要转换至一组母线上的隔离开关，然后逐一拉开在另一组母线上运行的隔离开关，这样可以避免因合上隔离开关、拉开隔离开关而容易造成的误操作事故。但根据配电装置的布置情况，为了缩短操作路程，避免往返奔跑、重复劳动、影响操作进度，也可以合上隔离开关、拉开隔离开关，完成一组电气设备的倒闸操作任务。

（二）倒闸操作票

1. 操作票的用途

要完成一个操作任务一般都需要进行十几项至几十项的操作，对这种复杂的操作，仅靠记忆是办不到也是不允许的。填写操作票是进行各项倒闸操作必不可少的一个重要环节，是进行具体操作的依据，它把经过深思熟虑制订的操作项目记录下来，从而根据操作票上填写的内容依次进行有条不紊的操作。因此，填写操作票、执行操作票制度是防止误操作事故发生的主要组织措施之一。

2. 操作票的使用范围

（1）根据值班调度员或值班长的命令，需要将某些电气设备从一种运行状态转变成另一种运行状态，或事故处理等。

（2）根据工作票上的工作内容和要求，制订倒闸操作的安全措施。

1000V以上的电气设备，在正常运行情况下进行任何操作均应填写操作票。但在以下特定情况下可不用操作票，但操作后必须记入操作记录簿中：

1）事故处理；

2）拉、合断路器的单一操作；

3）拉、合接地开关或拆除全厂（站）仅有的一组接地线。

3. 操作票填写的内容

每张操作票只能填写一个操作任务。

在操作票上除填写断路器和隔离开关的操作步骤外，还应填写以下内容：

（1）切断和合上断路器操作电源（取下或装上操作熔断器），切断和合上电压互感器的隔离开关以及取下或装上熔断器。

（2）检查断路器和隔离开关的实际开合位置。

（3）使用验电器检验需接地部分是否确已无电。

（4）启用或停用继电保护及自动装置或改变其整定值，切断或合上它们的电源。

（5）拆、装接地线并检查有无接地。

（6）进行两侧具有电源的设备的同期操作。

（三）倒闸操作“五制”

一切倒闸操作必须严格按照电气倒闸操作“五制”程序进行，即核对命令制，操作票制，图板预演制，监护、唱票复诵制，检查汇报制。

具体执行程序为：

（1）发布和接受任务。当值长或班长在需要进行操作前，应先布置操作任务，并讲清目的和操作设备的状况。操作人接到操作命令后，应复诵一遍后将此任务记入操作记录簿内，并做好操作前的准备工作，待接到正式操作命令后再进行操作。

（2）填写操作票。在进行操作以前，应由操作人员中之一人填写操作票。操作人员应根据操作任务，查对模拟系统图，在操作票上逐项填写操作项目，并由操作人和监护人在操作票上共同签名。

（3）审核批准。操作人填写好操作票后，由监护人、班长及值长逐级审核，经运行领导审核确认无错误后签名批准，将操作票交还给操作人。

（4）发布操作命令。当值长或班长接到操作人“已作好执行任务的准备”的报告后，在实际操作时，发布正式操作命令，并在操作票上填入发令时间。

（5）模拟预演。一切准备工作就绪后，操作人、监护人应先在变电站一次模拟图上按照操作票所列的顺序进行模拟操作，再次对操作票的正确性进行核对预演；经预演，操作票正确无误后，进行倒闸操作。

（6）核对实物。操作人和监护人携带操作工具进入操作现场后，应先核对被操作设备的名称，即核对编号、设备名称应与操作票相同。此外，核对断路器和隔离开关的实际位置及校验有关辅助设施的状况，如信号灯的指示、表计的指示、继电器和联锁装置等的状况。在核实完全正确后，操作人可做好必要的安全措施，如戴好绝缘手套等。

（7）高声唱票及逐项勾票。监护人按操作顺序及内容高声唱读，由操作人复诵一遍，监护人认为复诵无误后应答“对，执行”，然后操作人方可进行操作。监护人在操作开始时，应记录操作开始时间，并将已执行的操作项目立即在操作票上做一记号“√”，然后再读下一操作项目，这是为了防止误操作及漏项等。

（8）检查设备。操作人在监护人的监护下检查操作结果，包括表针的指示、闭锁装置及各项信号指示是否正常。

（9）汇报。操作票上全部项目操作完成后，监护人向发布操作命令人汇报××号操作票已经操作结束及启终时间，发令人认可后，由操作人在操作票上盖“已执行”的图章。

（10）记录入簿。监护人将操作任务及启终时间记入操作记录簿中。

（四）防误操作措施

1. 设备必须具备的条件

（1）变电站的电气设备均应标明名称和编号，要求字迹清楚、醒目，不得重复。

（2）高压隔离开关（除远方操作隔离开关外）均需加锁。

（3）设备原有的防误闭锁装置必须完好，并能长期投入运行。原来无闭锁装置的，应限期安装防误操作装置。建议采用微机防误闭锁装置。

（4）接地开关把手应统一涂成黑色。加强对接地线的管理，接地线（接地开关和携带型接地线）的装拆应使用专用登记簿。挂装户内携带型接地线应将接地线的接地桩头设在开关柜外（网门外）易见处，以免漏拆接地线。接地线应编号并对号放在固定的存放位置。

（5）在运行状态的开关操作把手上，宜加护罩。

（6）保护盘、控制盘、直流盘等均要标明名称，一块保护盘或控制盘有两个以上装置时，在不同的装置间要有明显的分界线。正在运行的设备，盘后应有围绳并加运行标志。

（7）凡误碰能导致误跳的接线柱均应用塑料护罩罩上，出口中间继电器要有明显的标志。

（8）变电站要有与现场设备指示和运行方式相符的模拟图板（或显示屏接线图），并应有携带型接地线指示，保证现场、模拟图、记录簿三处接地线编号一致。继电保护、自动装置图纸必须完整齐全，并和实际接线相符。

2. 对变电值班员的要求

（1）进行倒闸操作前，必须按规定填写操作票。单人值班，操作票由发令人用电话向值班员传达，填写操作票，复诵无误，并在监护人签名处填入发令人姓名。操作票应按规定进行审核。操作票应先装订成册，编好号，按照编号顺序使用，不允许直接利用微机调用典型票操作，若利用微机代笔填写操作票应具备微机自动编号功能（即操作人填好票经审核确认后自行编号）。

（2）除单人值班外，操作必须由两人进行，一人监护，一人操作。

（3）操作前必须根据操作票先进行模拟操作。

（4）操作时必须按操作票填写顺序依次进行操作，操作票由监护人执拿，每操作完一项，做一个记号“√”。

（5）操作时必须由监护人唱票，并核对编号；操作人复诵，并核对编号；然后监护人发令操作。没有监护人的命令，操作人不得擅自进行操作。

（6）操作中产生疑问时，应立即终止操作，在弄清情况后，按正常操作制度，重新办理操作票手续，继续进行操作。

3. 防误装置的要求

防误装置的功能必须达到室内“五防”、室外“四防”，即防止带负荷拉、合隔离开关，防止带电挂接地线，防止带接地线合闸，防止误拉、误合断路器，防止误入带电间隔。

防误装置对防止误操作起到了良好的效果，是当前电力生产中防止人员误操作事故的一项有效措施。防误装置的运行和维护要求如下：

（1）运行人员和检修人员均应熟悉所管辖范围内防误装置的功能及操作技能。

（2）所有防误装置均应投入并保持完好状态。若需停用，必须经总工程师批准。短时间退出运行，需经站长批准。

（3）防误装置的运行情况必须纳入巡视检查项目。

（4）万能钥匙须加锁保管，正常操作禁止使用万能钥匙；特殊操作，如转移负荷的操作、紧急事故处理及检查需要，可经站长批准使用。

（5）操作过程中发生装置锈蚀、卡塞等事故时，运行人员应及时汇报调度及上级主管部门，不得随意拆除、损坏防误装置。

（6）变电站应每月在站长的监护下，进行一次防误装置的全面检查维护，其内容包括清扫、除锈、刷漆、钥匙是否开启灵便等，并及时恢复程序的正常状态；但不得操作一次设备，发现问题及时汇报并处理。

（7）供电设备的大、小检修均应把所属防误装置的检修列入检修工作项目中，检修周期与所属一次设备相同，并应与一次设备同时进行验收。防误装置合格后，一次设备方可投入运行。

（8）防误装置存在的缺陷，应列入计划，并尽快处理。对影响倒闸操作的缺陷，应立即处理。

二、变电运行管理

变电运行管理的任务是保证变电站的安全运行，为用户提供安全、可靠、合格的电能。

变电运行管理的基本内容是：

（1）建立和健全运行人员岗位责任制，建立正常的工作秩序；

（2）制定和健全变电运行管理制度，如交接班制度，巡回检查制度，设备定期试验、维护、切换制度等，使管理向正规化、完善化和科学化的方向发展；

（3）加强运行设备的检修维护，提高设备的完好率；

（4）加强技术管理，创造科学、文明的生产秩序；

（5）加强安全管理，确保安全运行；

（6）加强职工培训，提高职工政治、技术素质和管理水平。

（一）交接班制度

交班工作必须严肃、认真地进行。交班人员要发扬风格，为接班人员创造有利的工作条件。现将交接班制度的内容和要求叙述如下：

值班人员应按照现场交接班制度的规定进行交接；未办完交接手续前，不得擅离职守。

在处理事故或进行倒闸操作时，不得进行交接班；交接时若发生事故，应停止交接班并由交班人员处理，接班人员在交班班长指挥下协助工作。

交接班内容一般应为：①系统和本站运行方式；②保护和自动装置运行及变更情况；③设备异常、事故处理、缺陷处理情况；④倒闸操作及未完的操作指令；⑤设备检修、试验情况，安全措施的布置、地线组数编号及位置和使用中的工作票情况；⑥其他。

交接时应做到全面交接、对口检查。

交接完毕后，交接双方班长在运行记录簿上签字。

（二）巡回检查制度

值班人员必须认真地按时巡视设备，对设备异常状态要做到及时发现、认真分析、正确处理、做好记录，并向有关上级汇报。

巡视应在本站规定的时间、路线进行，一般应在下列时间巡视：

（1）交接班时；

（2）高峰负荷时；

（3）晚间闭灯时。

值班人员进行巡视后，应将检查情况及巡视时间做好记录。

遇有下列情况，应增加巡视次数：①设备过负荷，或负荷有显著增加时；②设备经过检修、改造或长期停用后重新投入系统运行，新安装的设备加入系统运行；③设备缺陷近期有发展时；④恶劣气候、事故跳闸和设备运行中有可疑的现象时；⑤法定节、假日及有重要供电任务期间。

单人巡视时，应执行GB 26860—2011《电力安全工作规程　发电厂和变电站电气部分》中的有关规定。

生产、技术领导和专职技术人员应进行定期巡视，巡视周期自定。

（三）维护、试验切换制度

值班人员除正常工作外，应按本地区情况，制定站内定期维护项目周期表。

除按定期维护外，各站应结合本地区气象、环境、设备情况、运行规律等制订本站的月、季、年维护计划或全年按月份安排的维护周期表。

变电站应根据有关规定储备备品备件、消耗材料，并定期进行检查试验。

根据工作需要，变电站应备足各种合格的安全用具、仪表、防护用具和急救医药箱，定期进行试验、检查。

现场应设置各种必要的消防器具，全站人员应掌握使用方法并定期检查及演习，经常保持完好。

变电站的锅炉，煤气设施，乙炔、氢气及氧气装置，起重运输机械和一般工具，均应有登记簿，并应进行定期检查和试验。

变电站的易燃、易爆物品，油罐，有毒物品，放射性物品，酸碱性物品等，应放置在专门场所，并明确管理人员，制订管理措施。

负责检查排水、供电系统，采暖、通风系统，厂房及消防设施，并督促有关部门使其处于可用状态。

为了保证运行中设备及备用设备的完好性，确保故障时正确投入工作，必须定期进行试验与切换。变电站设备定期切换试验的项目和周期为：

（1）事故音响、预告信号、闪光装置、直流绝缘监察、光字牌信号、电压切换开关检查、线相电压值每次交接班时检查试验一次。

（2）每月对每套重合闸装置必须进行一次试验。未装重合闸试验按钮的必须每季停电传动一次。

（3）备用变压器电源切换试验，主变冷却器工作电源切换试验每月一次。

（4）户外事故照明灯试投检查每月一次。

（5）低压触电保护器的传动试验每月一次。

（6）户内外电磁闭锁回路试验每月一次。

（7）蓄电池组的备用充电设备每月切换试验一次。

（8）线路保护及电容器保护，每半年一次或结合停电进行传动试验。

（9）主变保护传动结合预试进行。

所有定期试验、切换的结果（除每值进行外）都应记入运行日志或专用记录中。对低频减负荷试验、备用变压器充电及备用站用变试验均应填写操作票。对其他的切换试验（每值进行除外）应有人监护。

三、设备管理

（一）设备管理的基本要求

（1）变电站设备应按设备单元划分运行主值，挂牌运行，责任到人；

（2）加强设备修试周期的监督，做好设备的检修、验收工作，确保设备无超周期运行；

（3）认真进行设备的巡视检查，发现缺陷，及时处理，保证设备的健康运行；

（4）每季进行一次设备定级工作，分析设备健康状况，制订设备升级计划；

（5）健全设备档案资料，并及时收集、定期整理；

（6）认真做好设备的缺陷统计和可靠性数据统计、上报工作。

（二）设备评级管理

设备评级是设备运行管理的一项基础工作。定期进行评级，可以全面掌握设备技术状况，督促缺陷消除，对于提高设备健康水平具有十分重要的作用。

设备评级主要是根据运行和检修中发现的缺陷，结合预防性试验结果进行分析，权衡对安全运行的影响程度，并考虑绝缘和继电保护、二次设备定级及其技术管理情况，来核定设备的等级。

1. 设备的评级分类

（1）一类设备，指技术状况全面良好，外观整洁，技术资料齐全、正确，能保证安全、经济运行，重大的反事故措施或完善化措施已完成的设备。一类设备的绝缘定级和继电保护二次设备定级均应为一级。

（2）二类设备，指个别次要元件或次要的试验结果不合格，但暂时尚不致影响安全运行，或影响小，外观尚可，主要技术资料具备，且基本符合实际，或检修和预试超过周期，但不超过半年的设备。二类设备的绝缘定级和继电保护二次设备定级应为一级或二级。

（3）三类设备，指有重大缺陷，不能保证安全运行，三漏严重，外观很不整洁；主要技术资料残缺不全，或检修预防性试验超过一个周期加半年仍未修试；上级规定的重大反事故措施未完成的设备。

上述技术资料齐全是指该设备至少具有：①铭牌和设备技术履历卡片；②历年试验或检修记录；③历年大、小修和调整记录；④历年事故及异常记录，继电保护和二次设备还必须有与现场设备相符合的图纸。

2. 设备的评级方法

（1）一、二类设备均为完好设备。完好设备与参加评级设备总数的百分比称为设备完好率。

（2）为了便于统计、衡量、比较，供电设备应按配电装置的回路组合划分单元，每个单元等级一般应按单元中完好性最低的元件确定。

四、建立设备技术档案

变电站应建立设备技术档案，其内容应包括：

（1）设备制造厂家使用说明书；

（2）出厂试验记录；

（3）安装设备的有关资料；

（4）改进、大小修施工记录及竣工报告；

（5）历年大修及定期预防性试验报告；

（6）设备事故、障碍及运行分析专题报告；

（7）设备发生的严重缺陷、移动情况及改造记录。

变电站设备、线路名称及运行编号必须统一，并应经主管调度部门批准。

变电站设备技术档案按下列分类装订建档：

（1）一次设备按间隔为单元建档；

（2）主变压器（调相机、电容器）各为一个独立单元建档；
（3）直流系统为一个单元建档；
（4）电力电缆为一个单元建档；
（5）防误闭锁为一个单元建档；
（6）二次设备按电压等级，其他附属设备间隔为一个单元，中央信号为一个单元建档；
（7）10kV系统按间隔一、二次设备为一个单元建档；
（8）站用电系统为一个单元建档；
（9）防雷系统、接地装置为一个单元建档；
（10）母线、引线为一个单元建档。

档案图纸、资料记录、图表应经常检查核实，随时更正，使其符合实际，做到准确、无错、无漏。运行管理部领导及专职人员每季不少于一次，站长、技术专职人、兼职资料员每月不少于一次核对性检查，并及时指导更正。值班员当值期间必须根据检修、试验、有关通知等信息及时向站长或技术专职人报告。

小　结

电气设备在设计、制造和安装时，在安全技术上应满足如下要求：
（1）设备要采取保护性接地；
（2）低压电网要装设保护性中性线；
（3）设备的带电部分对地和其他带电部分相互间必须保持一定的安全距离；
（4）对地面裸露的带电设备应采取可靠的防护措施；
（5）在电气设备系统和有关的工作场所装设安全标志；
（6）根据某些电气设备的特性和要求采取特殊的安全措施。

填写操作票、执行操作票制度是防止误操作事故发生的主要组织措施之一。

一切倒闸操作必须严格按照电气倒闸操作“五制”进行，即核对命令制，操作票制，图板预演制，监护、唱票复诵制，检查汇报制。

变电运行管理的任务是保证变电站的安全运行，为用户提供安全、可靠、合格的电能。

变电运行管理的基本内容是：
（1）建立和健全运行人员岗位责任制，建立正常的工作秩序；
（2）制订和健全变电运行管理制度，如交接班制，巡回检查制，设备定期试验、维护、切换制度等，使管理向正规化、完善化和科学化的方向发展；
（3）加强运行设备的检修维护，提高设备的完好率；
（4）加强技术管理，创造科学、文明的生产秩序；
（5）加强安全管理，确保安全运行；
（6）加强职工培训，提高职工政治、技术素质和管理水平。

习　题

学习GB 26860—2011《电力安全工作规程　发电厂和变电站电气部分》。

单元五

电气设备防火与防爆

课题一　消防基本知识

教学要求

了解火灾与消防的一般知识和引起电气火灾的原因与预防措施。

一、基本概念

1. 消防

消防工作是包括防火与灭火在内的，同火灾作斗争的一项专门工作。

2. 消防工作方针

消防工作方针是“预防为主，防消结合”“以防为主，以消为辅”。

3. 燃烧

燃烧一般是指某些可燃物质在较高温度时，与空气（氧）或其他氧化剂进行剧烈化合而发生的放热发光的现象。

4. 火警与火灾

失火后能及时扑救而未成灾，这种失火称作火警；火灾是一种造成国家、集体和人民财产损失，以及危及人民生命安全的失火灾害。

5. 火灾标准

按火灾损失程度可分为特大火灾、重大火灾和一般火灾。

(1) 特大火灾：是指死亡10人以上（含10人），重伤20人以上，或死亡、重伤20人以上，或受灾50户以上，或烧毁财务损失100万元以上的火灾。

(2) 重大火灾：是指死亡3人以上，受伤10人以上，或死亡、重伤10人以上，或受灾30户以上，或烧毁财务损失30万元以上的火灾。

(3) 一般火灾：是指不具备重大火灾的任何一项指标的火灾。

6. 爆炸

爆炸是指物质发生剧烈的物理或化学反应，且反应速度不断急剧增加，并在极短的时间内放出大量的能量，产生高温、高压气体，使周围空气猛烈震荡并伴有巨大声响的现象。

7. 电气火灾与爆炸

电气火灾与爆炸是指由于电气方面原因形成的火源所引起的火灾和爆炸，如由某种原因造成变压器、电力电缆、油断路器的爆炸起火，配电线路短路或过负荷引起的火灾等。

二、火灾的基本知识

（一）火灾发生的原因

1. 直接原因

（1）明火，指敞开外露的火焰、火星及灼热的物体等。明火有很高的温度和很大的热量，是引起火灾的主要火源。

（2）电火花，是引起易燃气体、蒸气和粉尘着火爆炸的主要火源之一，电火花的来源有开关断开、熔丝熔断、电气短路等。

（3）雷电，指雷击时，强大的电压、电流所产生的热量以及电火花。

（4）化学能，指有些化学反应放出的热量，能引起反应物自燃或导致其他物质的燃烧。

2. 思想、管理上的原因

（1）领导重视不够，缺乏必要的安全规章制度或执行制度不严，缺乏定期的安全检查以及经常的教育工作。

（2）操作人员责任心不强，思想麻痹，违章作业或缺乏安全操作知识，不懂防火、灭火知识。

（3）设计或工艺方法不妥当，不符合防火安全技术要求。

（二）物质燃烧的条件

燃烧不是随便就可以发生的，必须同时具备以下三个条件（简称燃烧三要素）才能发生。

（1）有可燃物。不论固体、液体、气体，凡能与空气中的氧或其他氧化剂起剧烈反应的物质，一般都称为可燃物，如木材、汽油、酒精、氢、乙炔、钠、镁等。

（2）有助燃物。凡能帮助和支持燃烧的物质叫助燃物，如空气（氧）、氯、溴、高锰酸钾、氯酸钾等。一般，空气中的氧含量为21%，经试验测定，当空气中的氧含量低于14%～18%时，可燃物一般不会燃烧。

（3）有着火源。凡能引起可燃物质燃烧的热能源都叫着火源，如明火、摩擦、电火花、聚集的日光等。

可燃物和助燃物的相互反应是燃烧的内因；适当的温度，即达到燃点的温度是燃烧的外因。只要可燃物和助燃物结合，受到着火源的激发，便会发生燃烧。失去任一条件，便不会发生燃烧。

（三）防火的基本方法

根据物质燃烧的原理和灭火实践经验，防止火灾的基本方法是控制可燃物、隔绝空气、消除着火源、阻止火势及爆炸波的蔓延，见表5-1。

表5-1　四种防火方法

防火方法	防火原理	具体施用方法举例
控制可燃物	破坏燃烧的基础，或缩小燃烧范围	1. 限制单位储运量 2. 加强通风，降低可燃气体、粉尘的浓度至爆炸下限以下 3. 用防火漆涂料浸涂可燃材料 4. 及时清除洒漏在地面或染在车船体上的可燃物等

续表

防火方法	防火原理	具体施用方法举例
隔绝空气	破坏燃烧的助燃条件	1. 密封有可燃物质的容器设备 2. 将钠存放在煤油中，黄磷存放在水中，二硫化碳用水封存，镍储存在酒精中等
消除着火源	破坏燃烧的激发能源	1. 危险场所禁止吸烟、穿带钉子的鞋、用油气灯照明，应采用防爆灯及开关 2. 经常润滑轴承，防止摩擦生热 3. 玻璃涂白漆、防日光直射 4. 接地防静电 5. 安避雷针防雷击等
阻止火势、爆炸波的蔓延	不使新的燃烧条件形成，防止火灾扩大，减少火灾损失	1. 在可燃气体管路上安装阻火器、安全水封 2. 有压力的容器设备装防爆膜、安全阀 3. 在建筑物之间留防火间距，筑防火墙 4. 将危险货物车厢与机车隔离

（四）灭火的基本方法

一切灭火措施，都是为了破坏一个或几个燃烧的必要条件，从而使燃烧停止，具体方法见表 5-2。

表 5-2　　灭火的基本方法

灭火方法	灭火原理	具体施用方法举例
隔离法	使燃烧物和未燃烧物隔离，限定灭火范围	1. 搬迁未燃烧物 2. 拆除毗邻燃烧处的建筑物、设备等 3. 断绝燃烧气体、液体的来源 4. 放空未燃烧的气体 5. 抽走未燃烧的液体或放入事故槽 6. 堵截流散的燃烧液体等
窒息法	稀释燃烧区的氧量，隔绝新鲜空气进入燃烧区	1. 往燃烧物上喷射氮气、二氧化碳 2. 往燃烧物上喷洒雾状水、泡沫 3. 用砂土埋燃烧物 4. 用石棉被、湿麻袋捂盖燃烧物 5. 封闭着火的建筑物和设备孔洞等
冷却法	降低燃烧物的温度于燃点之下，从而停止燃烧	1. 用水喷洒冷却 2. 用砂土埋燃烧物 3. 往燃烧物上喷泡沫 4. 往燃烧物上喷二氧化碳等

三、电力系统中防火（爆）的重要意义

在电力系统中，防火（爆）工作是一项十分重要的工作，各企业常把防止火灾事故当作反事故斗争的重点来对待，这是因为：

（1）在电力系统中有大量燃料，如煤、原油、天然气等都是可燃物，若不遵守防火要求，随时都有发生火灾的危险。例如，原煤及粉的自燃着火、煤粉系统的爆炸、油罐爆炸、天然气调压站爆炸、锅炉炉膛爆炸以及燃油锅炉尾部再燃烧等。

（2）电力系统的主要设备，如汽轮机、变压器及油断路器等设备中都有大量的油，氢冷发电机组的氢气系统内有大量的氢气，这些都是易燃、易爆物，容易引起火灾。

（3）在电力系统中，使用的电缆数量相当大，一个发电厂使用的电缆可达几万米至几十

万米，电缆的绝缘体易着火燃烧。

火灾一旦发生，其危害是非常严重的。火灾往往会把设备烧坏，以致全厂或系统停电，需较长时间才能修复，进而造成大批工矿企业停电、停产，损失严重。

实例 5-1　××地区一个装机容量为 200MW 的发电厂，由于锅炉房内发生了火灾事故，烧着了电缆，火势扩大到集控室，造成要害设备烧毁，完全修复时间长达半年之久，直接损失 134 万元，少发电 3 亿 kWh，使本地区的工农业生产遭到严重损失。

实例 5-2　施工大意，造成 4 人烧伤。某电力建筑工程公司混凝土班在×××电厂网控制楼蓄电池室做地坪（地坪材料由 70%汽油和 30%沥青混合而成），为保证地面干净，钢窗用毛毡封闭，施工人员使用 1kW 灯照明，约 10min 后室内起火，造成 4 名工人严重烧伤。

从以上实例可以看出，火灾无论对设备、人身、企业和社会都带来巨大损失，因此一定要重视防火防爆工作，一旦灾情发生，要争分夺秒地进行灭火工作；同时，为了保证灭火的顺利进行和个人的安全，每个电力工人都应具备一定的防火、灭火知识，正确掌握灭火器材的使用方法，以便有能力将火情限制在最小范围，尽量减少国家财产的损失和人员伤亡。

四、消防与治安管理处罚条例及刑法

在《中华人民共和国治安管理处罚条例》第 26 条中，有关消防管理方面的 8 项规定指出："违反消防管理，有下列第 1 项到第 4 项行为之一的，处 10 日以下拘留、100 元以下罚款或者警告；有第 5 项到第 8 项行为之一的，处 100 元以下罚款或者警告"：

（1）在有易燃易爆物品的地方违反禁令吸烟、使用明火的；

（2）故意阻碍消防车通行、消防艇航行或者扰乱火灾现场秩序，尚不够刑事处罚的；

（3）拒不执行火场指挥员指挥，影响灭火救灾的；

（4）过失引起火灾，尚未造成严重损失的；

（5）指使或强令他人违反消防安全规定而冒险作业，尚未造成严重后果的；

（6）违反消防安全规定而占用防火间距，或者搭棚、盖房、挖沟、砌墙堵塞消防车通道的；

（7）埋压、圈占或者损坏消火栓、水泵、蓄水池等消防设施，或者将消防器材、设备挪作他用，经公安机关通知不加改正的；

（8）有重大火灾隐患，经公安机关通知不加改正的。

《刑法》中有关消防内容的条文有：

第 109 条：破坏电力、煤气或者易燃、易爆设备，危害公共安全，尚未造成严重后果的，处 3 年以上、10 年以下有期徒刑。

第 111 条：破坏交通工具、交通设备、电力煤气设备、易燃易爆设备造成严重后果的，处 10 年以上有期徒刑、无期徒刑或者死刑。

第 115 条：违反爆炸性、易燃性、放射性、毒害性、腐蚀性物品的管理规定，在生产、储存、运输、使用中发生重大事故，造成严重后果的，处 3 年以下有期徒刑或者拘役；后果特别严重的，处 3 年以上、7 年以下有期徒刑。

课题二　灭火设施和器材

教学要求

掌握灭火器的使用。

一、自动喷水灭火系统介绍

喷水灭火系统是按适当的间距和高度，装置一定数量喷头的供水灭火系统，主要由喷头、阀门、报警控制装置和管道附件等组成。它广泛适用于各种可用水灭火的场所。

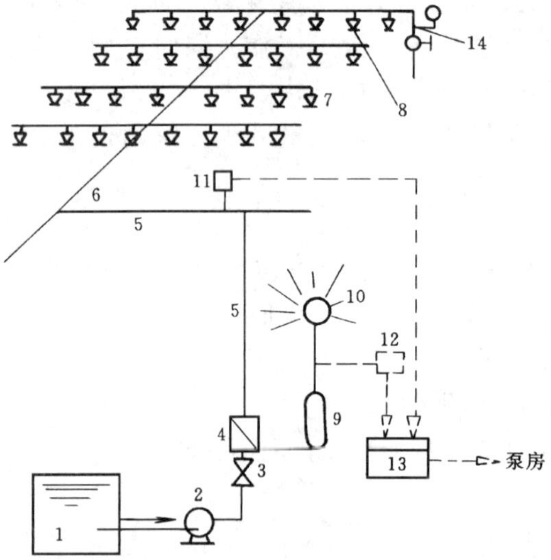

图 5-1　湿式喷水灭火系统

1—水池；2—水泵；3—闸阀；4—湿式报警阀；5—配水干管；6—配水管；7—配水支管；8—闭式喷头；9—延迟器；10—水力警铃；11—水流指示器；12—压力开关；13—湿式报警控制箱；14—末端试水装置

喷水灭火系统按组成部件和工作原理的不同可分为六种类型，即湿式喷水灭火系统、干式系统、预作用系统、雨淋系统、水喷雾灭火系统和水幕系统，这里主要介绍其中的两种。

1. 湿式喷水灭火系统

（1）组成。由湿式报警装置、闭式喷头、管道等组成，在报警阀上、下管道内经常充满水（见图 5-1）。

（2）特点及适用场所。与其他喷水灭火系统相比，这种系统的结构最简单、使用可靠、灭火速度快、控制率高，因此使用广泛，使用量占自动喷水灭火系统的 75%以上。该系统适用于能用水灭火的建筑物、构筑物，如高层建筑、企业厂房、物资仓库等。

（3）工作原理。火灾发生时，闭式喷头的感温元件在温度升高达到预定的动作温度范围时，喷头即自动打开喷水灭火。这时因管网内水的流动形成压差，湿式报警阀打开，驱动水力警铃报警；同时，水流指示器、压力开关动作并发出信号送给湿式报警控制箱，通过声、光信号报警，显示火灾发生的具体位置，启动水泵保证供水，接通应急广播、消防照明、诱导指示器等。这一系列动作在喷头开始喷水后大约 30s 内即可完成。湿式喷水灭火系统的工作原理如图 5-2 所示。

2. 水喷雾灭火系统

（1）组成。该系统由喷雾喷头、管道、控制装置等组成，如图 5-3 所示。发生火灾时，系统管道内的给水是通过火灾探测系统控制雨淋阀来实现的，并设有手动开启阀门装置。

（2）适用场所。水喷雾灭火系统常用于保护可燃气体储罐、液体储罐及油浸电力变压器等。它能控制和扑灭上述设备发生的火灾，也能阻止邻近的火灾蔓延危及这些设备。

二、常用灭火器的适用范围及其使用方法

常用灭火器是由筒体、喷头、喷嘴等部件组成的，借助驱动压力可将所充装的灭火剂喷出，达到灭火的目的。灭火器由于结构简单、操作方便、轻便灵活，因此使用面广，是扑救

初起火灾的重要消防器材。

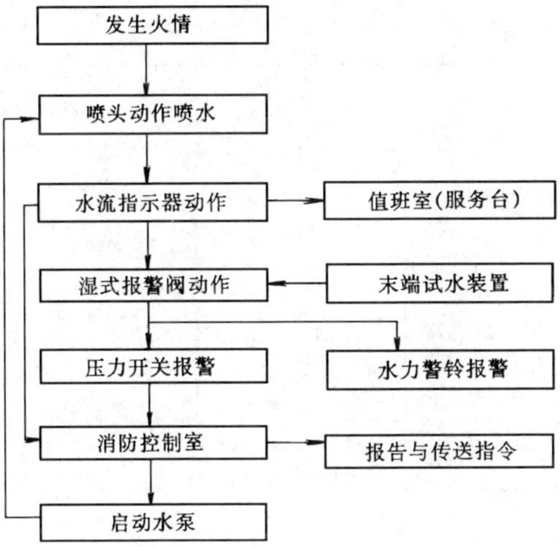

图 5-2　湿式喷水灭火系统工作原理图

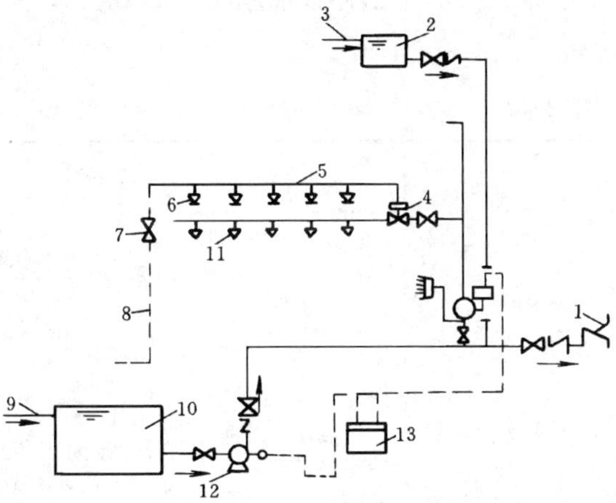

图 5-3　水喷雾灭火系统示意图

1—水泵接合器；2—高位水箱；3—进水管；4—雨淋阀；5—传动管；6—闭式喷头；7—手动阀；8—排水管；9—进水管；10—水池；11—喷雾喷头；12—消防泵；13—控制箱

灭火器的种类很多，按其移动方式可分为手提式和推车式，按驱动灭火剂的动力来源可分为储气瓶式、储压式、化学反应式，按所充装的灭火剂可分为充泡沫、干粉、卤代烷、二氧化碳、酸碱、清水等类型。我国各种灭火器的型号编制方法见表 5-3，灭火器适用性见表 5-4。

表 5-3　　各种灭火器的型号编制方法

类	组	代号	特　征	代号含义	主要参数	
					名称	单位
灭火器M（灭）	水 S（水）	MS MSQ	酸碱 清水，Q（清）	手提式酸碱灭火器 手提式清水灭火器	灭火剂充装量	L
	泡沫 P （泡）	MP MPZ MPT	手提式 舟车式，Z（舟） 推车式，T（推）	手提式泡沫灭火器 舟车式泡沫灭火器 推车式泡沫灭火器		L
	干粉 F （粉）	MT MFB MFT	手提式 背负式，B（背） 推车式，T（推）	手提式干粉灭火器 背负式干粉灭火器 推车式干粉灭火器		kg
	二氧 化碳 T （碳）	MT MTZ MTT	手提式 鸭嘴式，Z（嘴） 推车式，T（推）	手提式二氧化碳灭火器 鸭嘴式二氧化碳灭火器 推车式二氧化碳灭火器		kg
	1211Y （1）	MY MYT	手提式 推车式	手提式 1211 灭火器 推车式 1211 灭火器		kg

下面简介各式灭火器的原理、使用及维护。

1. 泡沫灭火器

它的筒身内悬挂装有硫酸铝水溶液的玻璃瓶或聚乙烯塑料制的瓶胆，筒身内装有碳酸氢钠与发沫剂的混合溶液，使用时将筒身颠倒过来，碳酸氢钠与硫酸两溶液混合后发生化学作用，产生二氧化碳气体泡沫由喷嘴喷出。使用时，必须注意不要将筒盖、筒底对着人体，以防万一爆炸伤人。泡沫灭火器只能立着放置。

泡沫灭火器用于扑救油脂类、石油类及一般固体物质的初起火灾。筒内溶液一般每年更换一次。

表 5-4　　灭火器适用性表

灭火器类型 / 灭火机理 / 火灾种类	水型		干粉型		泡沫型	卤代烷型		二氧化碳
	清水	酸碱	磷酸。铵盐	碳酸氢钠	化学泡沫	1211	1301	
A类火灾（系指固体可燃物如木材、棉、毛、麻、纸张等燃烧的火灾）	最适用。水能冷却并穿透燃烧物而灭火，可有效防止复燃		适用。磷酸粉剂能附着在燃烧物的表面层，起到窒息火焰作用，隔绝空气，防止复燃	不适用	适用。具有冷却和覆盖燃烧物表面，与空气隔绝的作用，对纤维物品火灾的扑灭能力较差	可用。目前世界各国均认为它具有扑灭A类火的能力，经过试验证明了这一点		不适用
B类火灾（系指甲、乙、丙类液体如汽油、煤油、柴油、甲醇、乙醚、丙酮燃烧的火灾）	不适用		最适用。干粉灭火剂能快速窒息火焰，具有中断燃烧过程的连锁反应的化学活性		最适用。覆盖燃烧物表面，使燃烧物表面与空气隔绝，扑灭油层厚的火灾效能可靠，防止复燃	适用。卤代烷灭火剂能快速窒息火焰，抑制燃烧连锁反应而中止燃烧。灭火不留残渍，不污染，不损坏设备		适用。二氧化碳靠气体堆积在燃料表面，稀释并隔绝空气
C类火灾（系指可燃气体如煤气、天然气、甲烷、丙烷、乙炔、氢气等燃烧的火灾）	不适用		最适用。喷射干粉灭火剂能快速扑灭气体火焰，具有中断燃烧过程的连锁反应的化学活性。注意：必须切断气源		不适用	最适用。卤代烷灭火剂能抑制燃烧连锁反应而中止燃烧，灭火不留残渍，不污染、不损坏设备		适用。二氧化碳窒息灭火，不留残渍，不损坏设备
E类火灾（系指燃烧时带电的火灾）	不适用		适用。干粉灭火剂电绝缘性能符合标准要求，但磷酸铵盐干粉能附着在电气设备上形成硬壳层，冷却后不易清除		不适用	最适用。卤代烷灭火剂绝缘性能符合标准要求，不导电，不污损仪器设备		适用。窒息灭火，不留残渍，不损坏设备

2. 二氧化碳灭火器

二氧化碳成液态灌入该灭火器钢瓶内，在20℃时钢瓶内的压力为6MPa，使用时液态二氧化碳从灭火器喷出后迅速蒸发，变成固体二氧化碳，又称干冰，其温度为−78℃。固体雪花状的二氧化碳在燃烧物体上迅速挥发而变成气体。当二氧化碳气体在空气中含量达到30%～35%时，物质燃烧就会停止。

二氧化碳灭火器主要适用于扑救贵重设备、档案资料、仪器仪表、额定电压600V以下的电器及油脂等的火灾，但不适用于扑灭金属钾、钠的燃烧。它分为手轮和鸭嘴式两种手提灭火器，大容量的有推车式。

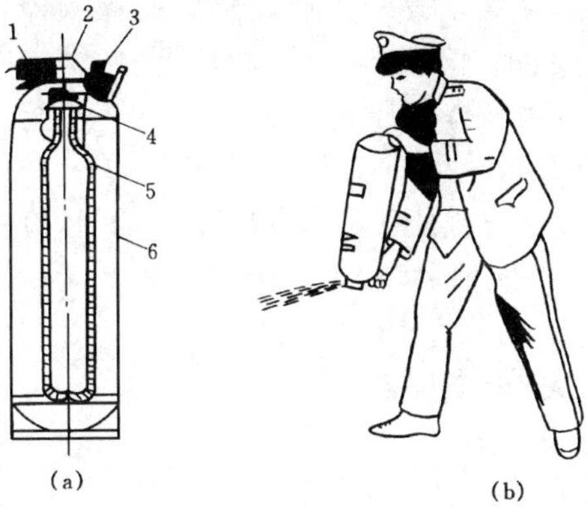

图 5 - 4　泡沫灭火器

(a) 普通式结构；(b) 使用方法

1—喷嘴；2—筒盖；3—螺母；4—瓶胆盖；

5—瓶胆；6—筒身

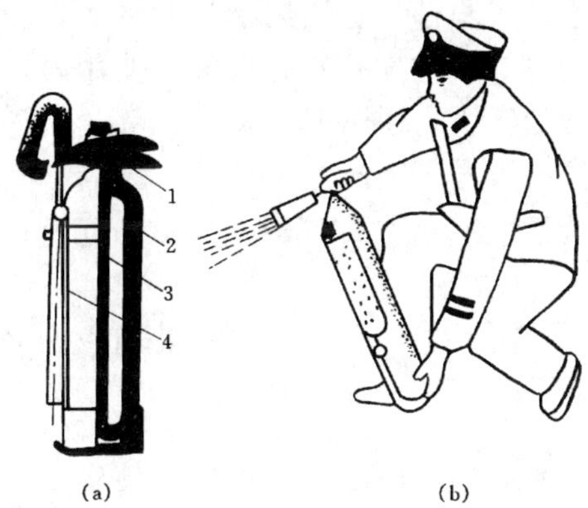

图 5 - 5　鸭嘴式二氧化碳灭火器

(a) 结构图；(b) 使用方法

1—启闭阀门；2—器桶；3—虹吸管；4—喷筒

鸭嘴式灭火器的用法：一手拿喷筒对准火源，一手握紧鸭舌，气体即可喷出，喷射方向应顺风。二氧化碳导电性差，电压超过 600V 必须先停电后灭火，二氧化碳怕高温，存放点温度不应超过 42℃。使用时不要用手摸金属导管，也不要把喷筒对着人，以防冻伤。

一般每季检查一次，当二氧化碳质量比额定质量少 1/10 时，即应灌装。

3. 干粉灭火器

干粉灭火器主要适用于扑救石油及其产品、可燃气体和电气设备的初起火灾。使用干粉灭火器时先打开保险销，把喷管口对准火源，另一手紧握导杆提环，将顶针压下，干粉即喷出。

干粉灭火器应保持干燥、密封，以防止干粉结块，同时应防止日光曝晒，以防二氧化碳受热膨胀而发生漏气。干粉灭火器有手提和推车式两种。

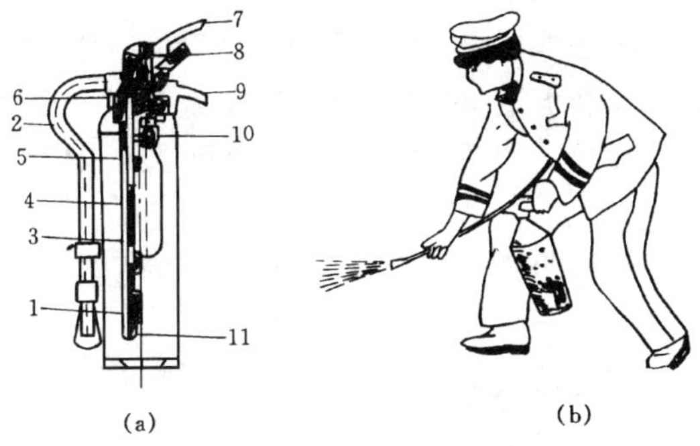

图 5 - 6　干粉灭火器

(a) 构造；(b) 使用方法

1—进气管；2—喷管；3—出粉管；4—钢瓶；

5—粉筒；6—筒盖；7—后把；8—保险销；

9—提把；10—钢字；11—防潮堵

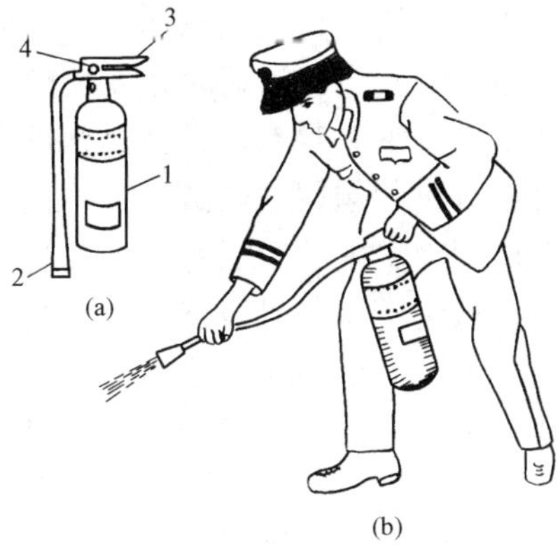

图 5 - 7　1211 手提式灭火器

(a) 构造；(b) 使用方法

1—筒身；2—喷嘴；3—压把；

4—安全销

4.1211 灭火器

1211 灭火器钢瓶内装满二氟一氯一溴甲烷的卤化物，是一种使用较广的灭火器，分手提和手推式两种。它适用于扑救油类、精密机械设备、仪表、电子仪器、设备及文物、图书、档案等贵重物品初起火灾。使用时，拔掉保险销，握紧压把开关，由压杆使密封阀开启，在氮气压力作用下，灭火剂喷出，松开压把开关，喷射即停止。

该灭火器不能放置在日照、火烤、潮湿的地方，防止剧烈震动和碰撞；每月检查压力表，低于额定压力 90%时，应重新充氮；重量低于标明值 90%时，重新灌药。

课题三　电气火灾的扑救

教学要求

熟悉电气火灾扑救的安全措施。

一、引起电气火灾的原因

因电气设备（或线路）故障引起的火灾和爆炸，称为电气火灾事故或电气爆炸事故。电力线路、变压器、电动机、开关设备、电热设备等不同电气设备，由于结构、运行各有特点，火灾和爆炸危险性的原因不尽相同，但总的来看电流的热量和放电火花或电弧是引起电气火灾和爆炸的直接原因。

1. 危险温度

由电工原理可知，电流通过导体时产生的热量使导体温度升高，并加热其周围的绝缘材料。

带有铁心的电气设备，如变压器、电动机等，除电流通过导体产生的热量外，交变磁场会使铁心及其他铁磁材料产生涡流损失和磁滞损失，也将产生热量使铁心及铁磁材料温度升高。

电气设备绝缘材料在电场中的介质损耗，能使绝缘材料温度升高。

总之，电气设备运行时是要发热的，但是，设备在安装和正常运行状态中，发热量和设备散热量处于平衡状态，设备温度不会超过额定条件规定的允许值，这是设备的正常发热。当电气设备正常运行遭到破坏时，设备可能过度发热，出现危险温度可能而导致火灾。

造成危险温度的原因有以下几种：

（1）短路。短路时线路或设备中的电流超过正常电流的几倍甚至几十倍，而电流产生的热量与电流平方成正比，使温度急剧上升。

（2）过载。设备或导线长时间过负荷运行，因电流过大，也可能引起过度发热。如某居民院，由于家用电器的普及，总用电负荷从原来不足 1kW 猛增至 2.7kW，仍使用 0.5mm^2 的铜芯绝缘线，结果因导线严重超载、过热而导致火灾。

（3）接触不良。导线连接点（焊接或压接、绞接）、电器的接线端子、开关、插销等连接处如果接触不良，将因接触电阻增加而导致火灾。

（4）铁心发热。变压器、电动机等电气设备铁心硅钢片绝缘损坏、涡流损耗增加，或铁心多点接地等造成局部短路，都能使铁心局部过热，从而使附近绝缘物燃烧，引起火灾或爆炸。

（5）散热不良。散热条件恶化时，不能将电气设备正常运行中产生的热量散失，可能引起局部过热或整体温度升高。

（6）电热器件使用不当。电炉和白炽灯是直接利用电流发热或发光的，工作温度都较高，如果接近可燃物质，会引起火灾或爆炸。

白炽灯表面温度也能引起纸、棉等物自燃。不同功率灯泡表面温度见表5-5。200W的灯泡紧贴纸张时，十几分钟即可将纸张烘燃。曾发生过某礼堂由于窗帘覆盖在壁灯上，被烘烤起火的事故。

表5-5　灯泡表面温度

灯泡功率（W）	40	60	100	200	100（碘钨灯）
灯泡表面温度（℃）	50～60	130～180	150～200	160～210	800

2. 电火花和电弧

一般电火花和电弧的温度都很高，电弧温度可高达6000℃，不仅能引起可燃物质燃烧，还能使金属熔化飞溅，引起火灾。因此，在有火灾和爆炸危险的场所，电火花和电弧是很危险的着火源。

电火花和电弧包括工作电火花和事故电火花两类。

工作电火花和电弧是电气设备正常工作和操作过程中产生的，如开关投切时的火花、电机电刷与滑环间跳火、电焊机工作时的电弧等。

事故电火花和电弧是电气设备或线路发生故障时产生的电弧或火花，如发生短路或接地故障时的电弧、断线时产生电弧、绝缘子闪络或雷击放电产生火花或电弧等。

此外，电动机转子和定子发生摩擦等由碰撞产生机械性质的火花；灯泡破碎时，炽热的灯丝也有产生类似火花的危险。

电火花和电弧在以下情况下能引起空间爆炸：

（1）周围空间有易燃易爆性混合物；

（2）充油设备的绝缘油在电弧作用下分解气化，喷出大量油雾和可燃气体；

（3）发电机氢冷装置漏气、酸性蓄电池充放电排出氢气等形成爆炸性混合物。

充油的电气设备在外界热源烘烤下也能引起喷油或爆炸。

二、电气火灾的预防措施

电气火灾的形成，从外界因素来说是周围存在着可燃易爆物质；从内因来说是电气设备的发热或电火花、电弧充当了着火源，具备了燃烧的三个基本条件。要防止电气火灾和爆炸的产生，基本出发点就是阻止燃烧三要素的形成，或防止其相互发生作用。

（一）电气设备防护型式的选择

根据危险场所等级选用适当防护型式的电气设备。防爆型电气设备的类型、级别在铭牌上应有明显的标志，依其结构和防爆性能分为以下六种类型。

（1）防爆安全型（标志A）。这类设备正常运行时不产生火花、电弧或危险温度。

（2）隔爆型（标志B）。这类设备有坚固的防爆外壳、能承受爆炸压力而不损坏；而且，构件接合处留有与传爆能力相适应的间隙，即使设备内部发生爆炸时，也不会引起外部爆炸性混合物的爆炸。

（3）防爆充油型（标志C）。这类设备是将可能产生火花、电弧或危险温度的带电部件浸在绝缘油里，从而不引起油面外爆炸性混合物的爆炸。油面应高出发热和产生火花的部件10mm以上。

（4）防爆通风、防爆充气型（标志F）。这类设备内部充入正压的新鲜空气或惰性气体，能阻止外部爆炸性混合物进入内部引起爆炸。防爆通风型外壳上设有进气口和出气口，利用机械通风造成壳内正压；防爆充气型的壳体为全封闭结构，泄漏量极小，只需间断性补充压入气体即可保持正压。

（5）防爆安全火花型（标志H）。这类设备在正常或故障情况下产生的火花，其能量小于所在场所爆炸性混合物的最小引爆能量，不会引起爆炸。

（6）防爆特殊型（标志T）。这类设备是指结构上不属于上列各类型的防爆设备，如浇注环氧树脂的防爆设备。

除防爆型电气设备外，防水型、防尘型、密封型、防滴式和防溅式的保护型电气设备也都具有不同程度的防护性能。

危险场所的电气设备选型，应根据GB 50257—2014《电气装置安装工程　爆炸和火灾危险环境电气装置施工及验收规范》的规定选择。

（二）变配电站房屋建筑的防火要求

电气设备或线路发生着火或喷油爆炸时，变配电室的房屋建筑应能防止火灾事故的蔓延和扩大；在房屋布局上，还应考虑一旦发生事故时，保证工作人员能迅速撤离现场，消防设施能顺利到达事故点灭火，并在事故后能便于检修和恢复送电。

1. 建筑物耐火等级

变压器、电容器和油断路器的单独防爆间，应采用钢筋水泥结构，门窗用铁质或木质外包铁皮的耐火材料制成，即变压器室、电容器室耐火等级不低于一级；配电室耐火等级不应低于二级，其屋架结构起码采用砖木结构，绝不能用油毡或芦苇屋顶。

2. 隔离充油设备

室内装设的单台充油量60kg以下的设备，可用耐火隔板隔开；充油量在60～600kg的设备，应用防爆隔墙隔离；单台充油量大于600kg以上设备，应安装在单独的防爆间内。

3. 设储油设施

室内单台设备充油量大于600kg和室外单台设备充油量大于1000kg时，应设置储油池。储油池应能容纳全部油量，池内铺设不小于200mm厚度的卵石层，使燃油降温，促其停止燃烧。屋外储油池的外沿应大于设备外廓1m，池边应高出地面100mm，以免雨水泥沙冲入储油池。

如果环境条件不宜设储油池时，应设置能容纳20%油量的挡油措施，并能够及时将油导入安全处所。不宜设储油池的环境条件有：充油设备位于沉淀可燃粉尘或可燃纤维的场所，充油设备50m以内有粮、棉及其他易燃物堆积，变压器位于二楼以上楼层或变压器室下有地下室等。

4. 变配电室门的设置

为便于事故时人员撤离和防止外人进入，变配电室的门一律向外开启，并设自动锁。由室内开门不用钥匙，便于人员撤离，同时防止无关人员进入带电设备的室内。

两个相邻配电室间的房门应能双向开闭。

当母线室长度超过7m时，应两端设门。

（三）保持防火间距

DL/T 5218—2012《220kV～750kV 变电站设计技术规程》规定：油量为 2500kg 以上的屋外油浸变压器之间无防火隔墙时，其防火净距不应小于 10m，否则应设防火隔墙。

建筑物外墙距屋外油浸变压器外廓 5m 以内时，在变压器总高度以上 3m 的水平线以下及外廓两侧各 3m 的范围内，不应有门窗和通风孔；建筑物外墙距变压器外廓 5～10m 时，可在外墙上设防火门，并可在主变压器总高度以上设非可燃性的固定窗。

露天固定油罐与主变压器、生产建筑物和构筑物之间无防火墙时，其防火净距不应小于 15m。装有可燃介质电容器的房间与其他生产建筑物分开布置时，其防火净距不应小于 10m；连接布置时，则其间的隔墙应为防火墙。

易沉积可燃物的地方不应露天设置变压器和配电装置，行车滑触线下方不应堆置可燃物，架空线路严禁跨越危险场所。

（四）确保电气设备正常运行

对运行中的设备，精心维护、正确操作，避免产生高温和事故火花与电弧，消除电气火源。

（五）充分通风

危险场所良好的通风条件，可以降低爆炸性混合物的浓度，减小危险程度。如矿井、纺织厂及麻纺厂等粉尘较多的场所，送风除尘系统的工作状态是极其重要的，充分通风对于保持电气设备正常运行也是必要条件。

采用机械通风时，送风系统不应与爆炸危险场所的送风系统相连。各除尘系统要分别单独构成循环回路，防止发生连锁爆炸。送风系统供给的空气不应含有危险物品。

此外，防止危险物品泄漏的措施、电热器使用和管理的规定、危险场所中电气工作的安全规定等，应视具体环境特点综合考虑，采用完善的安全措施。

三、扑灭电气火灾的方法

1. 切断电源

电气火灾较一般火灾的不同之处，一是火源有电，对在场人员有触电危险；二是充油设备在大火烘烤下有爆炸危险。因此，扑灭电气火灾时，应尽快设法切断电源。

电气火灾切断电源后即可采用常规灭火法灭火。切断电源时的安全要求如下：

（1）火灾时，由于烟熏火烤，开关设备绝缘能力降低，操作时应使用绝缘工具，防止触电。

（2）严格遵守倒闸操作顺序的规定，防止忙乱中发生误操作，扩大事故；

（3）必要时切断低压电源可用电工手钳将电源线剪断。剪断带电导线时应穿绝缘鞋，使用绝缘工具，断线点应选择在电源侧支撑物附近，防止带电端导线落地造成短路或触碰人体。剪线时不同相导线应分别剪断，并使各相断口间保持一定距离。

（4）夜间扑灭火灾时，应注意断电后的照明措施，避免因断电影响灭火工作。

（5）及时与供电部门联系，必要时请供电部门派人到现场监护、指导、帮助联系停送电工作。

2. 带电灭火

有时为争取有利的灭火时机，来不及断电，或因其他原因不能切断电源时，需要带电灭火。带电灭火的安全注意事项如下：

（1）选用不导电灭火器。二氧化碳灭火器、1211 灭火器和干粉灭火器都是不导电的，可用于带电灭火，但应注意人员及灭火器与带电体保持安全距离。泡沫灭火器和酸碱灭火器有一定的导电性，且对电气设备绝缘有污染，不应用于带电灭火。

（2）用水带电灭火时，因为含杂质的水有导电性，不宜用直流式水枪，以免直流式水枪喷出的水柱泄漏电流过大造成人员触电；一般应使用喷雾水枪，在水的压力足够大时，喷出的水柱充分雾化，可大大减小水柱的泄漏电流。为了保证经水柱通过人体的电流不超过感知电流，不但对水枪雾化程度有要求，水枪喷嘴与带电体间还应保持足够的距离：电压 110kV 及以下者应不小于 3m；220kV 及以上者应不小于 5m。同时，应将水枪喷嘴接地；操作人员应穿戴绝缘靴和绝缘手套。

火场上空有架空线路经过时，人不应站在架空导线下方附近，以防断线落地时造成触电。如遇带电导线断落地面，要划出一定的警戒区，防止跨步电压触电。

3. 充油设备灭火

绝缘油是可燃液体，受热气化还可能形成很大的压力造成充油设备爆炸。因此，充油设备着火有更大的危险性。

充油设备外部着火时，可用不导电灭火剂带电灭火。如果充油设备内部故障起火，则必须立即切断电源，用冷却灭火法和窒息灭火法使火焰熄灭，即使在火焰熄灭后，还应持续喷洒冷却剂，直到设备温度降至绝缘油闪点以下，防止高温使油气重燃造成更大事故。

如果充油设备的油箱已经爆裂，燃油外泄，可用泡沫灭火器或黄沙扑灭地面和储油池内的燃油，注意采取措施防止燃油蔓延。

发电机和电动机等旋转电机着火时，为防止轴和轴承变形，应令其慢慢转动，可用二氧化碳、二氟一氯一溴甲烷或蒸汽灭火，也可用喷雾水灭火。用冷却剂灭火时注意使电机均匀冷却，但不宜用干粉、砂土灭火，以免损伤电气设备绝缘和轴承。

小　结

电气方面原因形成的火源所引起的火灾和爆炸称为电气火灾与爆炸。火灾发生的直接原因是明火、电火花、雷电、化学能等。物质燃烧的三个条件是有可燃物、有助燃物、有明火源。防止火灾的基本方法有控制可燃物、隔绝空气、消除着火源、阻止火势及爆炸波的蔓延。灭火的基本方法有隔离法、窒息法、冷却法。

自动喷水灭火系统是按适当的间距和高度，装设一定数量喷头的供水灭火系统，广泛应用于各种可用水灭火的场所。灭火器是扑救初起火灾的重要消防器材，主要有泡沫、干粉、卤代烷、二氧化碳、酸碱、清水灭火器等。

电流的热量和放电火花或电弧是引起电气火灾与爆炸的直接原因。电气火灾的预防措施主要有：选择防护型式的电气设备、满足变配电站房屋建筑的防火要求、保持防火间距、确保电气设备正常运行、保持充分通风。电气火灾的安全扑救措施是尽快设法切断电源再灭火。有时为争取有利的灭火时机需要带电灭火，要选用不导电灭火器。用水带电灭火时，要用喷雾水柱，充油设备灭火要注意防爆。

习 题

5-1 物质燃烧的条件是什么？防火的基本方法有哪些？灭火的基本方法又有哪些？

5-2 产生电气火灾和爆炸的主要原因是什么？

5-3 防止电气火灾和爆炸的主要措施有哪些？

5-4 电气火灾的安全扑救措施是什么？

实验 常用灭火器的使用实验

一、目的

掌握常用灭火器的使用方法

二、方法

1. 泡沫灭火器

使用时可手提或肩扛泡沫灭火器迅速奔到火场，在距燃烧物6m左右，拔出保险销，一手握住开启压把，另一手紧握喷枪（或拉出发泡头），用力捏紧开启压把，打开密封或刺穿储气瓶密封片，空气泡沫即可从喷枪口喷出。喷射泡沫时，泡沫不能直射液面，应经一定缓冲后，流动堆积在燃烧区灭火。

使用泡沫灭火器时，应使灭火器始终保持直立状态，切勿颠倒或横卧使用，否则会中断喷射。同时应一直紧握开启压把，不能松手，否则也会中断喷射。另外，如果灭火器安装有喷枪，则在手持喷枪时，不得将进气口堵塞，以免影响发泡率。

2. 二氧化碳灭火器

二氧化碳灭火器启动方式随开关型式而异。螺纹式阀门只需将手轮逆时针方向旋转至最大开启量；压把式启动方式与储压式干粉灭火器相同——向下按压压把或一手同时握持压把和提把，相向用力。灭火时，一手持喇叭筒，一手提灭火器提把，顺风使喷筒从火源侧上方朝下喷射，喷射方向要保持一定的角度，以使二氧化碳迅速覆盖着火源，达到窒息灭火的目的。使用二氧化碳灭火器扑救电气设备火灾时要注意，如果电压超过600V，应先断电，后灭火。使用该灭火器时要戴手套，以免皮肤接触喇叭筒和喷射胶管被冻伤。

3. 干粉灭火器

灭火时，可手提或肩扛灭火器快速奔赴火场，在距燃烧处5m左右，放下灭火器。如在室外，应选择在上风方向喷射。使用的干粉灭火器若是外挂式储气瓶，操作者应一手紧握喷枪，另一手提起储气瓶上的开启提环。如果储气瓶的开启是手轮式的，则按逆时针方向旋开，并旋到最高位置，随即提起灭火器。当干粉喷出后，迅速对准火焰的根部扫射。干粉灭火器若是内置式储气瓶或者是储压式，操作者应先将开启把上的保险销拔下，然后握住喷射软管前端嘴根部，另一手将开启压把压下，打开灭火器进行喷射灭火。有喷射软管的灭火器或储压式灭火器在使用时，一手应始终压下压把，不能放开，否则会中断喷射。

干粉灭火器扑救可燃、易燃液体火灾时，应对准火焰根部扫射，如被扑救的液体火灾呈流淌燃烧时，应对准火焰根部由近而远，并左右扫射，直至把火焰全部扑灭。如果可燃液体在容器内燃烧，使用者应对准火焰根部左右晃动扫射，使喷射出的干粉流覆盖整个容器开口表面；当火焰被赶出容器时，使用者仍应继续喷射，直至将火焰全部扑灭。在扑救容器内可燃液体火灾时，应注意不能将喷嘴直接对准液面喷射，防止喷流的冲击力使可燃液体溅出而扩大火势，造成灭火困难。如果当可燃液体在金属容器中燃烧时间过长，容器的壁温已高于被扑救可燃液体的自燃点，此时极易造成灭火后再复燃的现象，若与泡沫类灭火器联用，则灭火效果更佳。

4.1211 灭火器

灭火时，一般由二人操作，先将灭火器推或拉到火场，在距燃烧处 10m 左右停下。一人快速放开喷射软管后，紧握喷枪，对准燃烧处；另一人则快速打开灭火器阀门。阀门开启一般有三种：一种按顺时针方向旋动手轮，并开启到最大位置；另一种是旋转 90°即可开启；还有一种为压下开启杆，由凸轮装置将阀门顶开。

三、注意事项

在灭火过程中，必须注意安全，要在指导教师和安全工作人员的指导下开展，如有条件可进行实际灭火，也可结合更换灭火剂或灭火器使用期满时进行模拟实习。

用户事故调查及管理办法

用电检查部门对用户事故管理要贯彻“安全第一，预防为主”的方针，坚持保人身、保电网、保设备的原则，做到用户事故不出门、不扩大或不涉及电力系统。通过对事故的调查、分析和统计，达到研究事故规律、总结经验教训、防止同类事故再发生的目的。

事故调查必须实事求是、尊重科学，做到事故原因不清楚不放过、事故责任者和应受教育者没有受到教育不放过、没有采取防范措施不放过、事故责任者没有受到处理不放过（简称“四不放过”）。

事故统计报告要及时、准确、完整；事故统计分析应与设备可靠性分析相结合，全面评价安全水平，统计和考核分级管理。

一、用户事故

用户事故是指供电营业区内所有高、低压用户在所管辖电气设备上发生的设备和人身事故，及扩大到电力系统造成输配电系统的停电事故，包括：

（1）用户电气工作人员在其管辖的电气设备运行、维护、检修、安装工作中发生人身触电伤亡事故，按国务院493号令《生产安全事故报告和调查处理条例》和599号令《电力安全事故应急处置和事故调查处理条例》构成事故者。

（2）由于用户运行、维护、检修不善或误操作造成所管辖的重要电气设备损坏事故，或进线跳闸全厂停电。

（3）供电企业或其他单位代维护管理的用户电气设备、受电线路发生的事故。

（4）供电企业的继电保护、高压试验、高压装表工作人员在用户受电装置处因工作过失造成用户电气设备异常运行，从而引起电力系统供（变）电站设备异常运行，对其他用户少送电者。

（5）由于用户过失造成电力系统供电设备停运或异常运行，而引起对其他用户（包括转供电用户）少送电的。

1）用户影响系统事故：用户内部发生电气事故扩大造成其他用户断电或引起电力系统波动而大量甩负荷。

2）专线供电用户进线侧有保护，事故时造成供（变）电站出线断路器跳闸或两端同时跳闸，不算用户影响系统事故。

二、用电检查

用电检查，是指供电企业为了维护正常的供电秩序，保障供电安全，以国家有关电力供应与使用的法律法规、方针、政策和电力行业标准、规范为准则，以事实为依据，安排用电检查人员对用户的安全用电、合法合规用电进行专业性检查与管理的全过程。

1. 重大事故

（1）人身死亡事故一次达3人及以上，或人身伤亡事故一次死亡与重伤达10人及以上者；

（2）中央直辖市全市减供负荷30%及以上，或省会或重要城市全市减供负荷50%及以上；

（3）发供电设备、施工机械严重损坏，直接经济损失达150万元。

2. 一般事故

特大事故、重大事故以外的事故，均为一般事故。

三、事故报告

用户发生下列事故，应立即向供电企业调度部门和用电检查部门报告。

（1）用户人身触电死亡事故，指用户电工或非电工人员触电死亡；

（2）用户导致电力系统大面积停电事故；

（3）用户专线跳闸或全厂停电事故；

（4）用户电气火灾事故；

（5）用户重要或大型电气设备损坏事故：是指用户一次受电设备（主变压器、高压电动机、高压配电设备）损坏；

（6）用户向电力系统倒送电事故。

各供电公司接到上述报告后应于2日内填写《用户电气安全事故快报》报告上级，7日内将详细事故调查报告再次报告上级。

四、事故调查

用电检查部门应参与用户重大电气设备损坏和人身触电伤亡事故的调查，组织事故分析、审查事故调查报告、督促用户落实反事故措施。

用电检查部门接到用户事故报告后，应及时组织有关人员到事故现场进行调查，协助用户查明事故发生的原因、过程和人员伤亡、设备损坏、经济损失情况；督促用户当值人员、现场作业人员和在场的其他有关人员，尽快分别如实提供现场情况和写出事故的原始资料，分析事故的性质和责任，并且在7日内协助用户提出事故调查报告。

用电检查部门对事故情况要按照“四不放过”的原则调查分析事故，总结经验和落实防范措施。

调查完成后，用电检查部门应督促用户制订防止同类事故今后再发生的对策及反事故措施，必须落实负责执行的单位、人员和完成时间。

用电检查部门应采取多种形式（如广播、电视、报纸、宣传图画等），加强安全用电宣传工作，强化用户安全思想意识。对重大事故应及时向同类用户发出事故通报，防止类似事件再次发生。

五、事故调查的目的和内容

事故调查是为了查明事故发生、发展和处理的全过程，了解所有相关因素，通过分析，明确事故发生和扩大的真实原因，分清责任，吸取教训，制订相应的反事故措施，防止同类事故再次发生。事故调查应查明下列各项内容：

（1）事故前系统和设备运行情况；

（2）事故发生时间、地点和气象情况；

(3) 事故经过及处理情况；

(4) 仪表、继电保护及自动装置、故障录波器等记录和动作情况；

(5) 设备损坏情况及损坏设备的有关资料，必要时进行设备故障模拟试验或鉴定性试验；

(6) 对误操作事故应核查当事人口述是否与现场实际相符，检查设备“防误”措施和操作票执行情况；

(7) 人身事故应调查事故现场的环境条件、安全防护措施的情况，了解伤亡者姓名、年龄、职业、触电方式和部位及救护情况。

事故调查应有详尽的调查记录，可采用文字、绘图、拍照、录像等。

事故调查方式包括听取值班员、事故当事人及目击者的情况介绍，查阅有关记录和资料，以及事故现场勘察等。

六、事故分析分类

事故分析分为事故过程分析和事故统计分析两大类。

事故过程分析是针对一次事故的发生、发展和处理全过程，进行确认事故，查证原因、后果和责任，研制反事故对策，对事故相关因素进行逻辑分析的技术活动，也称为事故的技术分析。

事故统计分析是根据所掌握的一定时期内全部事故的资料和原始数据，进行分类统计，从中分析事故发生的规律，寻找主要矛盾，评价安全水平，从而制订安全工作计划和措施的管理活动，是对事故的宏观分析。

七、事故过程分析

事故过程分析在事故调查基本完成后进行。用户事故的调查和分析，由发生事故单位负责人主持，有关部门负责人和用电检查人员参加，必要时还应请用户主管上级，劳动保护部门、公安部门、设备制造厂家和有关技术专家参加。

事故过程分析有四个步骤。

1. 确认事故

根据事故调查资料，判断事故性质，计算事故损失，对照有关规定，判定事故是否成立，应为何类事故，这个过程称为确认事故。事故损失应包括设备损失、停产损失和少供（用）电量。

2. 查证事故原因和责任

这是事故过程分析的核心步骤，是一项复杂细致的工作。由于电气事故往往是在瞬间发生，现场残留痕迹不一定清晰，当事人回忆未必准确，调查中的任何疏漏和差错，都会给分析带来很大困难，甚至得出错误结论。因此要求事故调查记录务求真实详尽，分析中切忌主观臆断，在分析中应将各相关因素，通过逻辑推理，描绘出事故的动态过程，过程的各环节、各因素的因果关系应和实际情况相符，还应和电气技术理论相符，必要时还应通过模拟试验和鉴定性试验，方可准确地确定事故的真实原因。事故原因一般从设备缺陷、人员操作、外界环境条件和管理因素等几方面分析查找。原因明确后，实事求是地分清各类人员（运行、检修、试验、安装人员或领导）应负的责任，确定第一责任人。

3. 分析事故中暴露的问题

事故总是突破安全系统中的薄弱环节而爆发的。通过事故研究和揭示设备、环境、人员和管理各方面的不安全因素，为制订安全措施和安全管理计划提供依据，就能将不利因素转化为积极因素，不断提高安全用电水平。分析的重点是规章制度的完善程度和执行情况，继电保护配置和动作情况，反事故措施及落实情况等。

4. 制订反事故措施

针对事故原因和暴露问题，制订有针对性的防止同类事故再次发生的技术措施和管理措施。措施应具体明确，并提出完成措施的时间和负责人。

八、事故统计分析

为把握事故发展的规律和明确安全管理重点，应对一定周期、一定范围内发生的全部用户事故进行统计分析。事故统计分析的步骤如下：

（1）汇集整理统计周期内事故的原始资料；

（2）按分科目规定的分类项目，如事故性质、原因、严重程度等分类统计并排序；

（3）分析事故规律；

（4）计算事故率，对照安全用电管理目标，评价安全用电水平；

（5）比较历年的事故率变化趋势；

（6）制订今后的安全工作计划。

小 结

用户事故包括用户人身触电伤亡事故，用户导致电力系统大面积停电事故，用户专线跳闸或全厂停电事故，用户电气火灾事故，用户重大设备损坏事故，用户向电力系统倒送电事故。

事故调查和分析是为了查明事故发生原因和处理全过程，了解所有相关因素，通过分析明确事故发生和扩大的真实原因，分清责任，吸取教训，制订相应的反事故措施，防止同类事故的再次发生。处理事故过程步骤包括确认事故、查证事故原因和责任、分析事故中暴露的问题、制订反事故措施。

事故管理包括填写事故报告和事故考核书。在各种事故中，影响较大的是人身触电死亡事故、用户影响供电系统事故和主要电气设备损坏事故。

习 题

6-1 何谓事故调查的“四不放过”原则？

6-2 何谓用电检查？

6-3 事故调查的目的是什么？

6-4 举例说明事故过程的分析方法和步骤，并试填写一份事故报告。

附录A 系统接地的型式

1. TN 系统

电力系统有一点直接接地，电气装置的外露可导电部分通过保护线与该接地点相连接。

TN 系统可分为：

TN-S 系统：整个系统的中性线与保护线是分开的（见图 A-1）。

TN-C 系统：整个系统的中性线与保护线是合一的（见图 A-2）。

TN-C-S 系统：系统中有一部分线路的中性线与保护线是合一的（见图 A-3）。

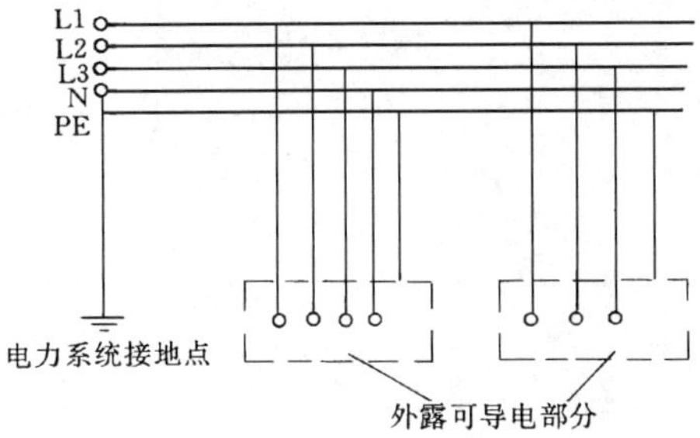

图 A-1 TN-S 系统

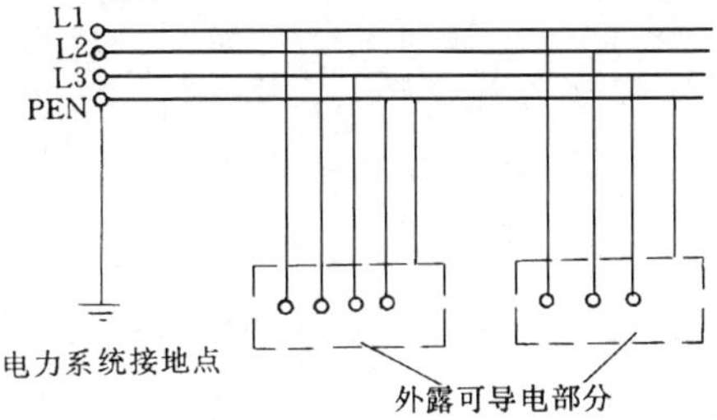

图 A-2 TN-C 系统

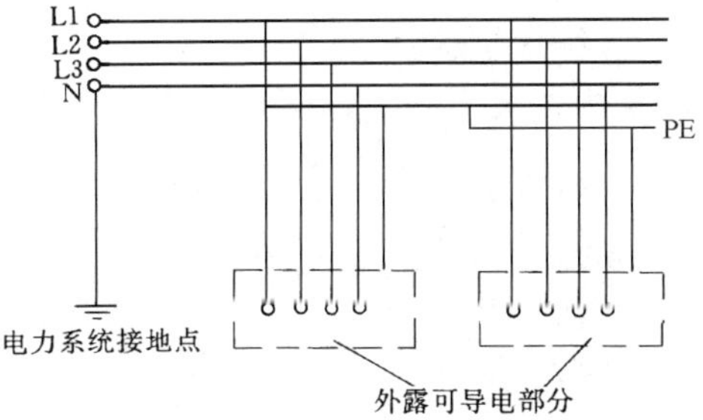

图 A-3 TN-C-S 系统

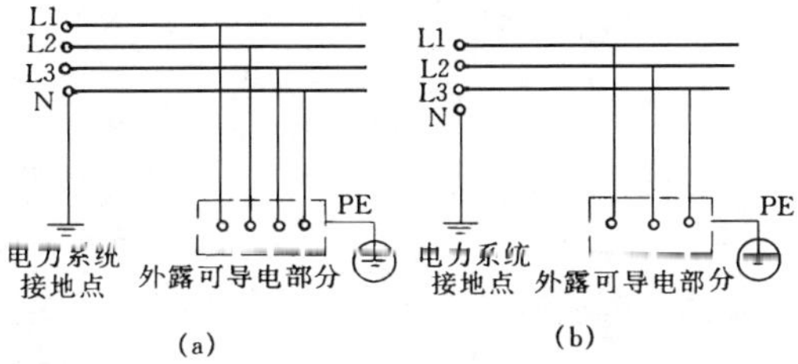

图 A-4 TT 系统

2. TT 系统

电力系统有一点直接接地，电气装置的外露可导电部分通过保护接地线接至与电力系统接地点无关的接地极（见图 A-4）。

3. IT 系统

电力系统与大地间不直接连接，电气装置的外露可导电部分通过保护接地线与接地极连接（见图 A-5）。

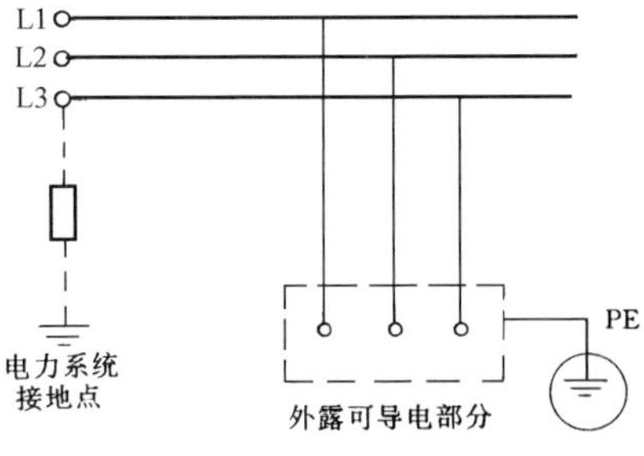

图 A-5 IT 系统

4. 接地保护系统型式的文字代号意义

第一个字母表示电力系统的对地关系：

T——直接接地；

I——所有带电部分与地绝缘，或一点经阻抗接地。

第二个字母表示装置的外露可导电部分的对地关系：

T——外露可导电部分对地直接作电气连接，此接地点与电力系统的接地点无直接关联；

N——外露可导电部分通过保护线与电力系统的接地点直接作电气连接。

如果后面还有字母时，这些字母表示中性线与保护线的组合：

S——中性线和保护线是分开的；

C——中性线和保护线是合一的。

附录B 漏电保护断路器的额定值

1. 额定频率

额定频率应为50Hz。

2. 额定电压 U_N

额定电压为220、380V。

3. 辅助电源额定电压 U_{sN}

辅助电源额定电压的优选值为：

直流：12、24、40、60、110、220V；

交流：12、48、220、380V。

4. 额定电流 I_N

额定电流值为：6、10、16、20、25、32、40、50、（60）、63、100、（125）、160、200、250A。

带括号的值不优先推荐采用。

5. 额定漏电动作电流 $I_{\Delta sN}$

额定漏电动作电流值为：

0.006、0.01、(0.015)、0.03、(0.05)、(0.075)、0.1、(0.2)、0.3、0.5、1、3、5、10、20A。

带括号的值不优先推荐采用。

6. 额定漏电不动作电流 $I_{\Delta N0}$

额定漏电不动作电流的优选值为 $0.5I_{\Delta N0}$。

7. 漏电保护断路器的分断时间

直接接触补充保护用的漏电保护断路器其最大分断时间见表B-1。

表B-1　直接接触补充保护用的漏电保护断路器的最大分断时间

$I_{\Delta N}$ (A)	I_N (A)	最大分断时间（s）		
		$I_{\Delta N}$	$2I_{\Delta N}$	0.25A
≤0.03	任何值	0.2	0.1	0.04

间接接触保护用漏电保护断路器的最大分断时间见表B-2。

表B-2　间接接触保护用漏电保护断路器的最大分断时间

$I_{\Delta N}$ (A)	I_N (A)	最大分断时间（s）		
		$I_{\Delta N}$	$2I_{\Delta N}$	$5I_{\Delta N}$
≥0.03	任何值	0.2	0.1	0.04
	≥40*	0.2		0.15

* 适用于漏电保护组合器。

延时型漏电保护断路器只适用于间接接触保护，$I_{\Delta N}>0.03$A。

延时型漏电保护断路器延时时间的优选值为：0.2、0.4、0.8、1、1.5、2s。

8. 额定短路接通分断能力

（1）带短路保护的漏电保护断路器的接通分断能力应符合 JB1284 中 5.3 的规定。

（2）不带短路保护的漏电保护断路器的额定接通分断能力的优选值见表 B-3。不带短路保护的漏电保护断路器的额定短路接通分断能力的最小值见表 B-4。

表 B-3　不带短路保护的漏电保护断路器的额定接通分断能力的优选值

I_N（0A）	300	500	1000	1500	(2000)	3000	4500	6000	10000	20000	50000
$\cos\varphi$	0.95	0.95	0.95	0.95	0.9	0.9	0.8	0.7	0.5	0.3	0.25

表 B-4　不带短路保护的漏电保护断路器的额定短路接通分断能力的最小值

I_N (A)	I_m (A)	I_N (A)	I_m (A)
$I_N \leqslant 10$	300	$100 < I_N \leqslant 150$	1500
$10 \leqslant I_N \leqslant 50$	500	$150 < I_N \leqslant 200$	2000
$50 < I_N \leqslant 100$	1000	$200 < I_N \leqslant 250$	3000

9. 额定漏电接通分断能力 $I_{\Delta m}$

额定漏电接通分断能力的优选值同表 B-3。

额定漏电接通分断能力的最小值同表 B-4。

附录C　漏电保护断路器运行记录格式

漏电保护断路器运行记录格式

<table>
<tr><td>安装地点</td><td colspan="5"></td><td colspan="2">安装日期</td><td colspan="3"></td></tr>
<tr><td>型号</td><td></td><td colspan="2">相　线　极</td><td colspan="3"></td><td>额定动作电流
（mA）</td><td colspan="3"></td></tr>
<tr><td>制造厂</td><td></td><td colspan="2">出厂日期</td><td colspan="3"></td><td>额定电流
（mA）</td><td colspan="3"></td></tr>
<tr><td colspan="8">试　验　情　况</td><td colspan="3">动　作　情　况</td></tr>
<tr><td rowspan="5">运行情况</td><td colspan="2">日　期</td><td colspan="2">试验项目及情况</td><td colspan="3">试验人</td><td>日　期</td><td>动作情况</td><td>调查人</td></tr>
<tr><td colspan="2"></td><td colspan="2"></td><td colspan="3"></td><td></td><td></td><td></td></tr>
<tr><td colspan="2"></td><td colspan="2"></td><td colspan="3"></td><td></td><td></td><td></td></tr>
<tr><td colspan="2"></td><td colspan="2"></td><td colspan="3"></td><td></td><td></td><td></td></tr>
<tr><td colspan="2"></td><td colspan="2"></td><td colspan="3"></td><td></td><td></td><td></td></tr>
</table>

专责管理人：

附录D 第一种工作票格式

发电厂（变电站）第一种工作票 第____号

1. 工作负责人（监护人）：____________班组____________
2. 工作班人员：________________________共________________________人
3. 工作内容和工作地点：____

____

4. 计划工作时间：自____年____月____日____时____分____

至____年____月____日____时____分____

5. 安全措施：

下列由工作票签发人填写　　　　下列由工作许可人（值班员）填写

下列由工作票签发人填写	下列由工作许可人（值班员）填写
应拉断路器和隔离开关，包括填写前已拉断路器和隔离开关（注明编号）	已拉断路器和隔离开关（注明编写）
应装接地线（注明确实地点）	已装接地线（注明接地线编号和装设地点）
应设遮栏，应挂标示牌	已设遮栏，已挂标示牌（注明地点）
	工作地点保留带电部分和补充安全措施
工作票签发人签名： 收到工作票时间：年 月 日 时 分 值班负责人签名：	工作许可人签名： 值班负责人签名：

［发电厂（变电站）值长签名：　　］

6. 许可开始工作时间：____年____月____日____时____分

工作许可人签名：____________工作负责人签名：____________

7. 工作负责人变动：

原工作负责人________离去，变更________为工作负责人。

变动时间：____年____月____日____时____分

工作票签发人签名：__________

8. 工作票延期，有效期延长到：____年____月____日____时____分

工作负责人签名：____________值长或值班负责人签名：____________

9. 工作终结：

工作班人员已全部撤离，现场已清理完毕。

全部工作于____年____月____日____时____分结束。

工作负责人签名：____________工作许可人签名：____________

接地线共____________组已拆除。

值班负责人签名：____________

10. 备注：____

____

____

____

____

____

____

____

____

____

附录E 第二种工作票格式

发电厂（变电站）第二种工作票　　编号：

1. 工作负责人（监护人）：________________班组：________________
   工作班人员：____
2. 工作任务：____
____
3. 计划工作时间：自____年____月____日____时____分
   至____年____月____日____时____分
4. 工作条件（停电或不停电）：____
____
5. 注意事项（安全措施）：____
____
____

工作票签发人签名：________________

6. 许可开始工作时间：____年____月____日____时____分
   工作许可人（值班员）签名：________工作负责人签名：________
7. 工作结束时间：____年____月____日____时____分
   工作负责人签名：________________工作许可人（值班员）签名：________
8. 备注：

工作票中有关人员的安全责任如下：

工作票签发人是发布工作命令的人员，应对工作的必要性、安全性与工作票中所填安全措施是否正确完备及所派工作负责人和工作人员是否适当负责。工作票签发人应由本单位熟悉电气工作人员水平、熟悉电气设备状况、熟知安全工作规程的技术领导人员担任，有权签发工作票的人员名单应经厂（局）长批准并书面公布。

工作负责人是该项工作任务的施工领导人和工作监护人。工作负责人应对工程质量和进度负责，应对工作组全体成员的安全负责；还应检查工作票中安全措施是否正确、完备和值班员所做的安全措施是否符合要求，督促、监护工作人员遵守安全工作规程，正确、安全地组织工作。

工作许可人由经主管领导批准的值班员担任。许可人应审查工作的必要性和可行性，审查检修工期是否与批准期限相符；审查工作票所列安全措施是否正确完备，是否符合现场实际，并负责现场所有安全措施的实施。

参 考 文 献

[1] 沈其工. 高电压技术. (第四版). 北京：中国电力出版社，2013.
[2] 张一尘. 高电压技术（第二版). 北京：中国电力出版社，2007.
[3] 严璋，朱德恒. 高电压绝缘技术. 2 版. 北京：中国电力出版社，2007.
[4] 黄栋. 电气运行. 中国电力出版社，2011.
[5] 国家能源局电力安全监管司. 电力安全监督管理工作手册. 北京：中国电力出版社，2013.
[6] 李亚峰. 建筑消防工程. 北京：机械工业出版社，2013.